Foto: Julian Rad

Setzen Sie ein Zeichen.
Für die Meere. Am Handgelenk.
Exklusive GEO-Sonderedition auf 102 Stück limitiert.
Ø 44 mm Gehäuse mit 2,5 mm Saphirglas
Wasserfestes Leder-Kautschuk-Band mit Dornschließe aus Edelstahl
Sonderrotor mit GEO-Gravur und exklusiv gestaltetem Zifferblatt
Wasserdichtheit bis 30 bar
1.990 Euro
NAUTISCHE INSTRUMENTE MÜHLE GLASHÜTTE/SA.
30
30 ATM
WASSERDICHT BIS 30 BAR
SONDEREDITION GEO CHARITY
MADE IN GERMANY
EDELSTAHL SAPHIRGLAS
GEO
MÜHLE GLASHÜTTE/SA
REF. M1-42-16-201
N° 001/102
Herrenlose Fischernetze aus Kunststoff treiben rund um Rügen in der Ostsee oder haben sich an am Meeresgrund liegenden Schiffswracks verfangen – eine lebensbedrohliche Gefahr für alle Meeresbewohner. Die Gesellschaft zur Rettung der Delphine e.V. rückt seit 2019 regelmäßig zu Bergungsaktionen aus, um die Geisternetze zu heben.
Gemeinsam mit GEO und Mühle-Glashütte können Sie diese Arbeit unterstützen. Beim Kauf einer "Pro Mare Datum GEO Charity" gehen 100 Euro direkt an die Gesellschaft zur Rettung der Delphine e.V.
Schon mit einer Spende von 100 Euro lassen sich rund 100kg Geisternetze bergen.
Jetzt nur unter geoshop.de/charity
Anbieter: Gruner + Jahr GmbH, Am Baumwall 11, 20459 Hamburg
GEO
NAUTISCHE INSTRUMENTE MÜHLE GLASHÜTTE/SA.

***Reingehört:*** **Alle 14 Tage erscheint eine neue Folge des Podcasts »Peter und der Wald«**

**Entdecken Sie die Natur! Mit Peter Wohlleben und dem Redakteur Rainer Harf**

# Liebe Leserinnen, liebe Leser!

Trockenheit und Borkenkäferbefall lassen unsere Wälder sterben. Kahlflächen breiten sich aus, wo vor Kurzem noch üppig grüne Bäume die Höhenzüge bedeckten. Angesichts dessen regt sich in vielen Menschen das Bedürfnis, zu helfen. Doch was tut den schwindenden Wäldern wirklich gut? Aufforstung ist jedenfalls in vielen Fällen nicht die beste Idee. Vielmehr sollten wir der Natur selbst mehr Kompetenz bei ihrer Genesung einräumen. Und uns eher auf jene Flächen konzentrieren, die etwa für die Herstellung von Futtermitteln genutzt werden – denn das sind immerhin fast so viele Quadratkilometer, wie es Wald in Deutschland gibt. Wie wir unseren Bäumen also wirklich helfen können, das lesen Sie ab Seite 70.

In dieser Ausgabe richten wir den Blick auch weiter nach oben, über die Kronen der Bäume hinweg: Denn was in der Atmosphäre geschieht, hat einen immensen Einfluss darauf, wie es hier unten aussieht – und umgekehrt. Eine entscheidende Rolle dabei spielen Wolken: Die gigantischen Regenspeicher transportieren Wassermassen über den ganzen Globus, und sie bergen noch immer verblüffend viele Geheimnisse (Seite 40).

Wie sehr die Natur profitiert, wenn sich Menschen für sie engagieren, zeigen wir gleich in zwei Geschichten: In der Pfalz kümmern sich Schützende um den schnellsten Vogel der Welt – den Wanderfalken. Wir sind hautnah dabei, wenn die Vogeleltern ihren Nachwuchs großziehen (Seite 20). Und einen phänomenalen Erfolg können Bachforscher aus der Südheide verzeichnen: Sie haben sich der Rettung einer vom Aussterben bedrohten Muschelart verschrieben – und mit ihren langjährigen Bemühungen ein ganzes Ökosystem wieder zum Leben erweckt (Seite 30).

Geschichten, die zeigen: Wer sich mit Herz und Verstand einsetzt, kann enorm viel bewegen.

Herzlich Ihre

**Das neue Buch von Peter Wohlleben *»Der lange Atem der Bäume«* ist da! Wie Bäume lernen, mit dem Klimawandel umzugehen – und warum der Wald uns retten wird, wenn wir es zulassen. Jetzt im Handel!**

Blühende Heide

***Kulturlandschaft*** Sie ist eigentümlich schön und zugleich ein Symbol für die Herausforderungen des Naturschutzes. Sollte die Heide als besonderer Naturraum bewahrt werden? Seite 8

***Kreativität*** Die Natur ist eine unversiegbare Quelle der Inspiration: Fünf Kunstschaffende erzählen davon, was ihnen die Beschäftigung mit Tieren und Pflanzen schenkt. Seite 82

Warum Aufforstung in den meisten Fällen nicht die beste Idee ist *Seite 78*

Wo gibt es noch echte Wildnis? Zum Beispiel in den Karpaten *Seite 58*

*Mehr als* **50** *Prozent der Erde sind ständig von Wolken bedeckt*

Wolken bergen gigantische Mengen an Wasser – und sie spielen eine Schlüsselrolle für unser Klima *Seite 48*

Zecken sind lästig und können Krankheiten übertragen. Was hilft? *Seite 68*

Bachforscher konnten die Flussperlmuschel vor dem Aussterben bewahren *Seite 30*

Weshalb sich immer mehr Menschen unter Bäumen bestatten lassen wollen *Seite 40*

***Intelligente Weichtiere*** Sie sind fremdartig und klug: Kraken haben ein hervorragendes Gedächtnis und können es in punkto Scharfsinn locker mit vielen Wirbeltieren aufnehmen – Seite 100.

***Papageien in Deutschland*** In mehr als 20 Städten fliegen Schwärme schillernd grüner Sittiche umher. Warum fühlen sich die Exoten hierzulande in immer mehr Regionen zu Hause? – Seite 56.

# Inhalt

**Herbst** 2021

08 Blühende Heide
Von der bewegten Geschichte einer besonderen Landschaft

20 Könige des Himmels
Wir sind hautnah dabei, wenn Wanderfalken ihren Nachwuchs großziehen

28 Meister Petz
Braunbären waren einst weit verbreitet. Werden die Raubtiere wiederkommen?

30 Schatz im Heidebach
Wie Forscher eine Muschel retten und so ein Ökosystem zum Leben erwecken

40 Bestattungswald
Weshalb so viele Menschen ihre letzte Ruhe unter Bäumen finden wollen

48 Luftige Regenmacher
Sie prägen Wetter und Klima und stecken voller Geheimnisse: Wolken

56 Exotische Schönheit
Im Rheinland flattern immer mehr Papageien umher. Warum?

58 Im Zauberland
Eine Reise in die Karpaten – zu den letzten unberührten Flecken Europas

68 Vorsicht Zecken
So schützt man sich am besten vor den blutsaugenden Plagegeistern

78 Hilfe für den Wald
Allerorten sterben Bäume. Ist Aufforstung sinnvoll? Und wenn ja: wo?

88 Der Echte Pfifferling
Er schmeckt nicht nur fantastisch, sondern hilft auch vielen Bäumen

90 Naturzeichnen
Eine unerschöpfliche Quelle der Inspiration: Tiere und Pflanzen

100 Kluge Kopffüßer
Kraken planen, täuschen und haben eine ausgeprägte Persönlichkeit

102 Von wegen spießig!
Er treibt sich im Sommer rum und verschnarcht den Winter: der Igel

110 Nachgedacht!
Bunte Blätter fallen jeden Herbst. Doch wohin mit all dem Laub?

111 Impressum, Bildnachweis
112 Vorschau

Pfifferlinge gehören zu den beliebtesten Speisepilzen. Wo findet man die Köstlichkeiten am besten? *Seite 88*

Im Herbst heißt es vor allem: futtern! Denn den Winter verschläft der Igel *Seite 102*

Künstler erzählen von Glücksmomenten, wenn sie die Natur malen *Seite 90*

# So

Heute freuen wir uns an der Pracht der Heide. Und vergessen leicht, wie sie entstanden ist

# prächtig blüht die Heide!

**Sie ist nicht nur eine Landschaft von eigentümlicher Schönheit, sondern auch ein Symbol für die Herausforderungen des Naturschutzes. Obwohl von Menschenhand geschaffen, lohnt es sich, die Heide als besonderen Naturraum zu bewahren**

Die Heide wirkt wie eine Oase zwischen Ackerland und Kiefernforsten. Doch neue Bäume machen dem Heidekraut Konkurrenz

*Nur*
**0,2**
*Prozent der Fläche Deutschlands sind Heide*

Geheimnisvoll schimmert das Licht in den Spinnennetzen, die um die jungen Kiefern gesponnen sind

Farbzauber

Für viele Arten ist die karge Landschaft der Heide heute ein überlebenswichtiger Rückzugsort

Früher sammelten Menschen die Eier von Vögeln, die in der Heide brüteten

Die Früchte des Wacholderstrauchs kennt man auch als Krammetbeeren – und als beliebtes Gewürz

*Rund*

**45**

*Prozent aller Pflanzenarten in der Heide sind bedroht*

Auch Rotwild fühlt sich in der Heide wohl. Im Herbst kann man das Röhren der stolzen Hirsche hören

Uraltes Erbe

Wacholderheiden gehören zu den artenreichsten Kulturlandschaften. Und sind in vielen Teilen Deutschlands ausgewiesene Schutzgebiete

Immergrün

*Um die Heide zu erhalten, muss sie gegen die Natur selbst geschützt werden*

*Das Birkhuhn*, lat. *Tetrao tetrix*, aus der Familie der Fasane ist in Deutschland stark gefährdet

# W

Wer jetzt im Herbst durch die Lüneburger Heide streift, wird mit dem Anblick eines Farbenzaubers belohnt. Es ist zumeist die Besenheide, die mit ihren rosa-lilafarbenen Blüten die ganze Landschaft verwandelt. Zusammen mit Wacholderbüschen oder ein paar Birken wirkt die Landschaft wild, ursprünglich und wie eine Oase inmitten der Felder und Kiefernforste. Der Name „Heide" deutet darauf hin, dass dies auch unsere Vorfahren so sahen: Eine wilde, unkultivierte und unkultivierbare Gegend.

**Der Boden verarmt**

Die Romantik spielte vor Jahrhunderten aber keine große Rolle, denn wirklich wild war die Heide keinesfalls. Sie markierte nur das letzte Stadium einer in Bezug auf Bodennährstoffe völlig ausgelaugten ehemaligen Waldfläche. Einst standen dort, wo heute Heidekraut und Wacholder wachsen, Laubwälder. Die Böden unter den Bäumen waren fruchtbar, und so wundert es nicht, dass große Areale gerodet wurden.

Hinzu kam, dass Holz der Motor der vorindustriellen Wirtschaft war. Es lieferte nicht nur Material zum Bau von Häusern und Gerätschaften, sondern auch und vor allem Energie. Diese wurde benötigt, um die heißen Feuer zum Sieden von Salz, Schmelzen von Erzen oder zur Glasherstellung in Gang zu halten.

War der Wald verschwunden, dann konnte die Fläche als Acker genutzt werden. Dünger gab es damals jedoch nur in Form von Dung und Asche, und das reichte nicht, um die Bodenfruchtbarkeit zu erhalten. Die Erde erschöpfte sich mehr und mehr, bis der Anbau von Feldfrüchten nicht mehr möglich war.

Zumindest als Schaf- und Ziegenweiden eignete sich das Land trotzdem noch. Allerdings wurde das Rad der Übernutzung nun ein weiteres Mal gedreht: Alle schmackhaften Gräser und Kräuter

***Die Besenheide,*** *Calluna vulgaris,* ist im Winter grün gefärbt. Im Spätsommer nimmt sie ein leuchtendes Rosa oder Violett an. Die Besenheide mag sonnige Standorte und braucht kaum Dünger

verschwanden in den Tiermägen, was Raum für die vom Vieh verschmähte Vegetation schuf: Heidekraut und Wacholderbüsche konnten sich ausbreiten. Doch die verarmte Bevölkerung nutzte die lila blühenden Heidekrautsträucher, indem sie die samt Oberboden heraushackte und als Einstreu für die Ställe verwendete.

**„Plaggen" nannte man diese schwere Arbeit, woraus sich der bis heute gebräuchliche Begriff „Plackerei" ableitet.**

Die Abwärtsspirale von Hunger und Überweidung drehte sich tiefer und tiefer, und die Heidelandschaften breiteten sich auf riesigen Flächen aus, wie man noch heute leicht nachvollziehen kann. So enden viele Flurnamen immer noch auf „-heide" und zeigen damit an, wie die Parzellen vor Jahrhunderten ausgesehen haben müssen.

Meine Eifelheimat etwa wird aus dieser Zeit ➻

***Wann blüht die Heide?*** Eine alte Faustregel besagt: vom 8. 8. bis zum 9. 9. eines Jahres. In den letzten Jahren begann das Schauspiel in der Lüneburger Heide aber schon Ende Juli.

***Wanderlust*** Viele Wege führen durch die Heide. Ein besonders schöner Fernwanderweg ist der Heidschnuckenweg, auf dem man die Vielfalt der Lüneburger Heide auf 13 Etappen entdecken kann.

In der Brunftzeit im Herbst kämpfen Hirsche in der Heide um den Titel des Platzhirsches. Und durchleben anstrengende Wochen: Sie schlafen in jener Zeit nur wenige Minuten am Tag

Seit
**1921**
*steht die Lüneburger Heide unter Naturschutz*

Romantik und Wehmut umwehen die Heide. Sie ist ein Spiegel der Vergangenheit

# Um das Heidekraut zu schützen, kommen Motorsägen und Planierraupen zum Einsatz

Weil nur wenige Schäfer durch die Heide ziehen, können grasende Schafe allein das Wachstum junger Bäume nicht in Schach halten

*Bis zu*

**600**

*Jahre alt kann ein Wacholderstrauch werden*

als Hügelland beschrieben, in der sich die Berge wie kahle Schädel erheben. Gemälde noch aus dem beginnenden 20. Jahrhundert zeigen Ziegenhirten, die mit ihren Tieren durch karge, mit gelb blühenden Ginsterbüschen und Heidekraut bestandene Hänge wandern. Ähnlich sahen weite Teile Deutschlands aus; kein Grund zur Freude für die Bevölkerung. Noch im 19. Jahrhundert gab es mehrere bedrohliche Hungersnöte, weil die ausgemergelten Böden zu wenig Nahrung hergaben.

Doch dann kamen Fritz Haber und Carl Bosch. Sie sorgten mit ihrer Erfindung für einen drastischen Schwund der Heidelandschaften, indem sie die Synthese von Ammoniak entdeckten und entwickelten. Der Startschuss für die Produktion schier unbegrenzter Mengen an Kunstdünger war gefallen.

**Verarmte Äcker und Wiesen wurden nun wieder so aufgepäppelt, dass sie intensiv bewirtschaftet werden konnten. Ein Segen für die Menschen, ein Desaster für die Heide.**

Sie verschwand vielerorts rasch bis auf wenige Relikte. Der Rückgang war so dramatisch, dass bereits im Dezember 1921 erste Teilbereiche der Lüneburger Heide unter Schutz gestellt wurden. Es war nicht nur die Idylle, die schwand. Arten, die auf die Kargheit der Vegetation spezialisiert sind, wie etwa die Heidelerche oder das Birkhuhn, wurden ebenfalls seltener.

Damals wurde eine Naturschutzidee geboren, die, obwohl sinnvoll, den Begriff „Natur“ ad absurdum führt. Um die Heide zu erhalten, muss sie nämlich vor allem gegen die Natur selbst geschützt werden. Greift der Mensch nicht ständig ein, erobern Bäume das Terrain zurück. Zuerst fassen Birken und andere Pionierbaumarten Fuß, die den Boden beschatten und Heidekraut und Wacholder allmählich zurückdrängen.

Heidegewächs

*Der Wacholder, Juniperus communis,* prägt das Bild der Heide. Die blau-schwarzen Beeren des stacheligen Strauchs können ab September geerntet werden. Sie verleihen vielen Fleischgerichten eine würzige Note – und sind die Basis für Spirituosen wie Gin

**Voller Widerstandskraft**

Dabei beweisen die beiden Letztgenannten durchaus Durchhaltevermögen: In meinem Revier stehen selbst 150 Jahre nach der natürlichen Wiederbewaldung noch einzelne Wacholderbüsche und Heidekrautsträucher unter mächtigen Eichen und Buchen.

Doch in den eigens dafür eingerichteten Naturschutzgebieten wird das nicht toleriert.

Solange es noch Wanderschäfer gibt, erledigen sie mit ihren Tieren den Kampf gegen die Bäume. Die Schafe fressen die Schösslinge der Bäume und schalten damit die Konkurrenz der Heidevegetation aus. Es gibt ➻

*Heidschnucken,* lat. *Ovis ammon f. aries,* sind die tierischen Landschaftspfleger der Heide

HISTORIE

# Ein Blick zurück

*Ohne den Einfluss des Menschen wäre die Heide nicht, was sie heute ist*

Wo nach dem Ende der Eiszeit **dichte Mischwälder** wuchsen, schuf der Mensch über Jahrhunderte karges Land. Bauern rodeten die Wälder, im Mittelalter kam eine immer stärker betriebene **Beweidung** hinzu. Der Boden in der Heide versandete, zudem wurde die oberste Schicht etwa als Brennmaterial verwendet. Im 20. Jahrhundert erkannten Naturschützer die Bedeutung der Heide als **Ökosystem** und setzten sich für den Erhalt der einmaligen Kulturlandschaft ein.

heute jedoch nicht mehr genug vierbeinige Helfer, und so kommen Motorsägen oder gar Planierraupen zum Einsatz, die den Bewuchs kurzerhand samt regeneriertem Oberboden zur Seite schieben.

Mancherorts wird der Bewuchs einfach angezündet; Waldbrand im Dienst der Kulturlandschaft und besonders brutal – die tierischen Bewohner verbrennen einfach mit.

**Rettungsinsel Heide**

Auch wenn es so klingen mag, als sei ich gegen den Erhalt von Wacholderheiden – das bin ich ausdrücklich nicht. Es ist eine alte Kulturlandschaft, in der Arten überlebt haben, die in der einst wilden Natur auf besonderen Standorten vorkamen.

Man kann Heidelandschaften als Rettungsinseln des Artenschutzes bezeichnen. Der Fairness halber wünsche ich mir, dass den Besuchern klargemacht wird, dass sie hier eine Art Freilichtmuseum betreten. Es spiegelt die Landnutzungsform früherer Zeiten wider, zeigt, wie hart das Leben bei solch kargen Erträgen gewesen sein muss.

Zudem stehen Wacholderheiden im harten Kontrast zur industriellen Agrarlandschaft und können gerade im Herbst, wenn das Heidekraut blüht, ein atemberaubendes Farbenspiel von Rosa bis Lila bieten.

**Am Abend legt sich märchenhafte Ruhe über die Heide**

Der Nektar der kleinen Blütenglöckchen besteht zu fast einem Viertel aus reinem Zucker. Er gibt vielen Insektenarten noch einen Energiekick vor dem Winter.

## Letztlich ist die Heide ein Spiegel der rasanten Entwicklung der letzten 100 Jahre.

Und wie bei anderen Dingen der Vergangenheit umwehen sie Romantik und Wehmut.

Ähnlich ist es bei Fachwerkhäusern, die nach heutigen Vorstellungen mit ihren schiefen Wänden und niedrigen Decken eher unpraktisch sind. Aber sie haben eine Seele, und diese hat die Heide im Gegensatz zu den monotonen Agrarwüsten auch. Schon deshalb sollten wir sie an den wenigen Stellen, wo sie der Umwandlung zu maschinengerechten Großflächen entgangen ist, erhalten.

*Man zählt*

**126**

*Gattungen zur Familie der Heidekrautgewächse*

**Die Blüten der meisten heimischen Ericaceae, der Heidekrautgewächse, sind glockenförmig und meist rosafarben getönt**

***Gaumenfreuden*** Die Produktpalette der Heide umfasst Heidekartoffeln, Heidehonig und Spargel. Auch Lebensmittel aus der Milch oder dem Fleisch der Heidschnucke sind typisch für die Region.

***Heideland*** Die Lüneburger Heide mag die berühmteste Heidelandschaft Deutschlands sein. Die größte Heidefläche – das Biosphärenreservat Schorfheide – findet man jedoch in Brandenburg.

# *Einsatz* für die Akrobaten der *Lüfte*

In einer rheinlandpfälzischen Felslandschaft finden Wanderfalken ideale Brutbedingungen – nicht zuletzt weil engagierte Bürger die Horste bewachen

*Text: Andreas Weber Fotos: Hardy Müller*

In wenigen Wochen wachsen die flaumigen Jungtiere zu kräftigen Jägern heran – hier gut geschützt in einem Steinbruch im Pfälzerwald

*Bis zu*
**320**
*km/h beträgt ihre Spitzengeschwindigkeit*

Futter für den Nachwuchs: Der Altvogel hat eine geschlagene Taube mitgebracht

*Bis zu*
**500**
*Gramm kann das Gewicht der Beute betragen*

# 15 000
Paare maximal brüten inzwischen wieder in Europa

Jagdstolz

Kurz vor dem ersten Ausflug trainieren die Jungvögel ihre Flügel

Wanderfalken gleiten mit faszinierender Mühelosigkeit und sind – im Sturzflug – die schnellsten Tiere des Planeten

Unterhalb der Brutfelsen hat Vogelschützer Manfred Ilzhöfer sein Lager aufgeschlagen

Der Falkner Mike Heublein kümmert sich in einer Auffangstation um verletzte Exemplare

**Aufgepäppelt**

*Mit etwa*

**42**

*Tagen fliegen männliche Jungvögel aus*

Noch haben die Jungvögel ihren Felssims nicht verlassen - und sind auf den Jagderfolg ihrer Eltern angewiesen

# A

Als der Altvogel schwingenschlagend auf dem kotbespritzten Sims im Fels landet, zerren die beiden halbwüchsigen Nestlinge sogleich grob an der mitgebrachten Beute. Die Hakenschnäbel halb geöffnet, stoßen die beiden jungen Wanderfalken immer wieder vor, geduckt und energisch, sodass die letzten weißen Kükenduhnen in ihrer gelb und braun gesprenkelten Brust flattern.

Wie ein nur halb sichtbarer Schatten, eine Unruhe in der umgebenden Luft, so rasch ist das Falkenweibchen herangetaucht. Erhobenen Hauptes presst der Falke die Beute mit seinen großen gelben Fängen auf den Felsboden, eine Ringeltaube, deren graue Federn an manchen Stellen irisierend leuchten.

Es ist Juni im Pfälzerwald. Die Regenschauer der letzten Tage haben nachgelassen und der Nachwuchs des Wanderfalkenpärchens wird bald seinen ersten eigenen Flug unternehmen. In nur sechs Wochen sind aus flaumigen Federbällen kraftgeladene Vögel geworden.

Die Kanten und Bänke, die sich im Gestein bilden, bieten den raren Greifen ideale Nistbedingungen, und die das Land weit überragenden Felsspitzen den perfekten Ausguck zur Jagd.

**Unermüdliche Fürsorge**

Wenn die jungen Falken vom Felssims verschwunden sind und in den umliegenden Bäumen der Waldlandschaft auf ihre Eltern warten, um gefüttert zu werden, kann auch Manfred Ilzhöfer wieder aus seiner Behausung ausziehen: Der 71-jährige Angehörige des NABU Rheinland-Pfalz, der früher bei Daimler Motoren zusammenbaute, hat die Brut seit Ende März bewacht und dafür viele Nächte in einem Bauwagen am Fuße des Brutfelsens verbracht.

Ilzhöfer ist einer der vielen Freiwilligen, die jedes Jahr in Deutschland dafür sorgen, dass die Wanderfalken ihre Brut ungestört aufziehen können. Gefahren lauern viele: Felskletterer, die nicht damit rechnen, versehentlich in einen Horst des streng geschützten Greifs hineinzusteigen, Mountainbike-Fahrer, die zu dicht unter dem Nest entlangrollen, Feiernde, die sich an den wildromantischen Felswänden zu nächtlichen Partys am Lagerfeuer versammeln und die Musik aufdrehen.

## 1971
## wurde mit dem Wanderfalken erstmals ein Vogel des Jahres gekürt

Aber auch weitaus unangenehmere Fährnisse wollen die Naturschützer mit ihren Wachen rund um die Uhr verhindern: Etwa dass Kriminelle die Eier stehlen, um die Küken illegal zu Beizfalken heranzuziehen, für die vor allem im arabischen Raum viel Geld gezahlt wird. Oder dass frustrierte Brieftaubenzüchter versuchen, den Beutegreifer, der sich bisweilen auf blutige Weise in ihr Hobby einmischt, mit einem vergifteten Köder auszuschalten.

Meist zeigen sich die Menschen kooperativ, die Ilzhöfer bittet, einen Bogen um den Horst zu machen. Es genügt oft, wenn er erklärt, dass es 1968 in Rheinland-Pflaz keinen brütenden Wanderfalken mehr gegeben hat und dass die Art in Deutschland in den 1970er Jahren nur knapp der ➸

**Der Habicht**

kommt wie ein Falke daher, gehört aber zu den Greifvögeln und lebt am liebsten in Wäldern mit altem Baumbestand. Seit etlichen Jahren gibt es zudem urbane Populationen

***Auf der Lauer*** Fotograf Hardy Müller hat mehrere Tage in einem Tarnzelt verbracht, um die hier gezeigten, seltenen Aufnahmen zu machen. Zum Schutz der Horste bleibt der genaue Ort ungenannt.

***Stammbaum*** Obwohl Falken Greifvögeln wie Geiern oder Adlern ähneln, sind sie nicht direkt mit ihnen verwandt. Tatsächlich stehen Falken, so zeigen Gen-Analysen, den Papageienvögeln näher.

Auslöschung entging. Damals waren noch eine Handvoll Brutpaare in Bayern und Baden-Württemberg übrig. Heute sind es in ganz Deutschland wieder mehr als 600 – vor allem dank Menschen wie Manfred Ilzhöfer.

Zum Verhängnis wurde dem Wanderfalken besonders das Gift DDT. Das in den 1950er und 1960er Jahren auf breiter Fläche angewandte Spritzmittel sammelte sich im Körper der Tiere an, weil sie am Ende der Nahrungskette stehen. Es verhinderte, dass ihre Eierschalen dick genug wurden, um das Gewicht der Eltern beim Brüten auszuhalten. Die Felsenhorste, zu denen die monogam lebenden Brutpaare immer wieder zurückkehren, blieben leer.

1971 rief der damals neu gegründete Deutsche Bund für Vogelschutz (aus dem später der NABU hervorgegangen ist) den Wanderfalken zum ersten „Vogel des Jahres“ aus. DDT wurde verboten. Die Art erholte sich. Heute brüten viele Paare sogar erfolgreich in Städten – im steinernen Gebirge der Hauptstadt Berlin etwa machen Wanderfalken mit großem Erfolg Jagd auf Stadttauben.

Die Rettung des Jägers in Europa (wo heute insgesamt bis zu 15 000 Paare brüten) ist eine der Erfolgsgeschichten des Naturschutzes. Es stand auch viel auf dem Spiel: Der Wanderfalke ist eines der erstaunlichsten gefiederten Wesen überhaupt. Der Verhaltensforscher Konrad Lorenz schwärmte von ihm als „Vogel der Vögel“. Er ist eindrucksvoll groß (das Weibchen erreicht die Mächtigkeit eines Mäusebussards) und im Erwachsenenkleid unverwechselbar gefärbt: die Brust schwarz-weiß gesperbert, blaugrau das Deckgefieder, und im Kontrast dazu die Augenringe, der Schnabelansatz und die kräftigen Klauen in leuchtendem Gelb.

Der Greif ist ein Flieger von atemberaubender

*Falkenhälse haben*
**15**
*Wirbel und sind damit äußerst beweglich*

## Anmutige Jäger

*Weltweit breiten 39 Falkenarten ihre Schwingen aus – fünf davon brüten in Mitteleuropa*

**Die Gruppe der Falken** weist recht einheitliche Merkmale auf: Typisch ist etwa der hakenförmig nach unten gebogene Oberschnabel. An dessen vorderem Teil befindet sich eine Zacke, der sogenannte »Falkenzahn« – er bohrt sich beim Töten eines Beutetiers in dessen Nacken oder Schädel und optimiert so den Jagderfolg. Die Augen sind relativ groß. Anders als Greifvögel bauen Falken keine Nester, sie ziehen ihre Brut meist in Mulden an Felswänden, Gebäuden oder auf Bäumen auf.

Mühelosigkeit, und vor allem ist er das schnellste Tier überhaupt. Wenn der Falke aus großer Höhe auf seine Beute – ausschließlich Vögel – herabstößt, die gepfeilten Schwingen angewinkelt, erreicht er Geschwindigkeiten von über 300 Stundenkilometern.

Mit den riesigen, dunklen Augen sieht der Jäger auch aus großer Höhe winzige Details. Ein einzelnes Beutetier kann er noch in zwei Kilometer Entfernung genau erkennen. Seine Netzhaut ist mit so vielen Sinneszellen besetzt, dass sie Bilder achtmal so hoch auflöst wie unsere. Es ist, als wäre der Greif mit Teleobjektiven ausgestattet – und mit Stroboskopkameras. Schnelle Bewegungen, die für uns Menschen zu einem durchgehenden Film verschmieren, sieht der Falke als Einzelbilder – essenziell, um bei der Sturzgeschwindigkeit eines Flugzeuges mit seinem Ziel verschränkt zu bleiben.

**Magische Energie**

Mit diesen überwältigenden Fähigkeiten, seiner berührenden Eleganz und der Unermüdlichkeit, mit der er seiner Beute nachjagt, verkörpert der Wanderfalke ein Stück der Magie des Lebens, das sich nicht auslöschen lässt und über das die Menschen letztlich keine

Wer Falken bei der Aufzucht beobachten möchte, kann dies ganz einfach per Webcam tun: Etliche Verbände haben Brutplätze entsprechend präpariert.

Macht haben, auch wenn sie seine Leistungen technisch in den Schatten stellen können. Darum ist über ihn viel geschrieben worden – nicht nur Naturkundliches, sondern auch Literatur.

Berühmt ist das Buch mit dem schlichten Titel „Der Wanderfalke“, das der britische Einzelgänger und Sonderling John Alec Baker in den 1960er Jahren verfasste. Seine Beobachtungen kondensierte Baker zu einem Buch. Es ist eine Liebeserklärung an den Wanderfalken und durch ihn an das Leben und seine unverstandene Energie, die auch uns Menschen durchfließt.

Über zehn Jahre lang folgte Baker wie besessen den an der englischen Südküste überwinternden Falken mit dem Fahrrad, bei Regen, bei Sturm und Schnee. Wochen-, ja monatelang spricht der Autor mit keiner Seele und versucht stattdessen, dem Falken, den er verfolgt, immer ähnlicher zu werden.

Baker ahnt die Flugwege des Vogels voraus, weiß, wo er seine Beute frisst, ja, einmal überrascht er den Wanderfalken sogar beim Schlafen.

Das könnte Manfred Ilzhöfer vielleicht nachvollziehen. Der NABU-Falkenwächter, dessen Gesicht ein bisschen an das eines lichtscheuen Uhus erinnert, ist zufrieden, dass er in seinem Bauwagen der Zivilisation fernbleiben darf. Fragen beantwortet Ilzhöfer einsilbig.

Nur wenn das Gespräch auf Vögel kommt, beginnen seine Augen zu leuchten – als hätte er dort, wo normale Menschen nur Verschwommenes sehen, das Leben erblickt.

Aufwendig getarnt konnte sich Fotograf Hardy Müller den Jungtieren nähern, die in dieser Saison ungewöhnlich früh abflogen

Elke Schemel und Markus Schubert bewachen einen Brutfelsen in der Südpfalz – und führen regelmäßig Horstbuch

*Falknerei* Mit Ausnahme des Habichts, der nach strengen Vorgaben noch der Natur entnommen werden darf, ist das Aushorsten von Wildvögeln zum Zwecke der Beizjagd verboten.

*Kosmopolit* Der Wanderfalke hat bis auf Antarktika alle Kontinente besiedelt. Er lebt zudem auf den meisten größeren Inseln – und ist damit der am weitesten verbreitete Vogel der Welt.

# Was sucht der *Braunbär* im Herbst?

*Text und Illustration: Rainer Harf*

**Er ist das mächtigste Landraubtier unserer Breiten, ein Schwergewicht von bis zu fünf Zentnern. Um über den Winter zu kommen, muss *Ursus arctos* sich ein dickes Fettpolster anfressen. Denn während der dunklen Jahreszeit schlummert der braune Riese**

In freier Wildbahn erreichen die Tiere ein Höchstalter von etwa 30 Jahren

Der Braunbär kommt in mehreren Unterarten vor – dazu gehören auch der Grizzly und der Kodiakbär

Wenn es sein muss, kann der Sohlengänger erstaunlich schnell laufen – bis zu 50 km/h

Er ist ein wahrer Kraftprotz: Bis zu zwei Meter lang und fünf Zentner schwer, ist der Europäische Braunbär das größte Landraubtier unserer Breiten. Mächtig wölbt sich ein Buckel über seinen Schultern, vollgepackt mit Muskeln, die den Vorderbeinen des Allesfressers enorme Stärke verleihen.

Im Herbst heißt es für *Ursus arctos* vor allem: futtern, was das Zeug hält – Knollen, Früchte, Blätter, Insekten, Kleinsäuger, Hirschkälber, Aas. Bis zu drei Kilo am Tag legen die bärenhungrigen Raubtiere zu. So wächst ein dickes Fettpolster, das sie über den Winter bringt. Den verschlafen die Schwergewichte nämlich: Im Spätherbst suchen sie sich eine Höhle, senken ihren Puls, atmen langsamer, nehmen weder Nahrung noch Wasser auf und geben keinen Kot oder Urin ab.

In dieser Zeit bringen Bärenmütter oft zwei bis drei Junge zur Welt. Die Kleinen saugen begierig die fettreiche Milch auf und wiegen bereits nach drei Monaten je 15 Kilo. Mindestens bis zum zweiten Frühling bleiben die Bärenkinder bei ihrer Mutter, bis sie von ihr verjagt werden, um eigenen Nachwuchs zu zeugen.

Einst war der Braunbär in Europa weit verbreitet, er gehörte – neben den anderen Topräubern Luchs und Wolf – zum festen Bestandteil der heimischen Fauna. Seit jeher haben ihn Menschen bewundert, in Mythen gepriesen und als Meister Petz in Märchen auftauchen lassen. Doch sie haben ihn auch gefürchtet, ja, als Konkurrenten gehasst: Spätestens ab dem Mittelalter stellten Jäger dem mächtigen Räuber intensiv nach.

1835 zerfetzte ein Schuss im oberbayerischen Ruhpolding das Leben des letzten Braunbären in Deutschland. In manchen Regionen etwa in Schweden und Slowenien haben sich die Bestände etwas erholt. Ob Deutschland irgendwann auch wieder Bärenland wird? Es wäre ein Gewinn. Schließlich ist der braune Riese ein wichtiger Part unserer ursprünglichen Wildnis. ●

# Muschelliebe

Am Grund
der Lutter findet
Reinhard Altmüller
seine Schützlinge:
Flussperlmuscheln –
Geschöpfe mit
einem Geheimnis

*Bis zu*
**14**
*Zentimeter lang können die Schalen werden*

# Der *Schatz* im Heidebach

Ein Team von Gewässerkundlern verschrieb sich der Rettung einer bedrohten Muschelart – und erweckte dabei eine ganze Flusslandschaft in der Südheide wieder zum Leben

*Text: Johanna Romberg Fotos: Jan Richard Heinicke*

## Manche der Flussperlmuscheln *strudeln* schon 100 Jahre am Grund der Lutter

A

Allein hätte ich sie nie entdeckt, selbst wenn ich direkt neben ihr gestanden wäre. Denn ihre Schalen haben dieselbe schwarzgraue Farbe wie die Kiesel des Bachbetts, zwischen denen sie steckt. Und der Bach sprudelt an dieser Stelle so lebhaft, dass man seinen Grund nur verschwommen erkennt.

Der Bach heißt Lutter, fließt durch die Südheide bei Celle, und ich war zum Glück nicht allein an seinen Ufern unterwegs. Sondern in Begleitung eines Mannes, der das 26 Kilometer lange Fließgewässer so gut kennt wie die Fische, die darin schwimmen. Reinhard Altmüller, 74, Doktor der Biologie, hat lange im niedersächsischen Landesdezernat für Naturschutz gearbeitet. Dort war er unter anderem für den Schutz der beiden Heidebäche Lutter und Lachte zuständig, und für den größten Schatz, den sie beherbergen: Flussperlmuscheln. Einige der letzten, die in Deutschland noch vorkommen.

### Ein seltener Anblick

Reinhard Altmüller hatte bei unserem Ausflug ein Aquaskop dabei, ein selbstgebasteltes Unterwassersichtgerät. Dadurch konnte ich sie deutlich erkennen: die Muschelschalen, die sich wie halb geöffnete Lippenpaare wenige Zentimeter aus dem Bachgrund hervorschoben. Und die feinen, milchweißen Härchen am Rand der Schalen, die sich wie Tentakel von Seeanemonen in der Strömung kringelten.

*Margaritifera margaritifera* lautet ihr wissenschaftlicher Name; wörtlich übersetzt: „die Perlenbringende". Flussperlmuscheln sind die einzigen europäischen Süßwasser-Lebewesen, die in ihre Schalen eingedrungene Fremdkörper so lange mit eigenem Gewebe umspinnen, bis daraus schimmernde, leicht unregelmäßig geformte Perlmuttkörner entstehen.

Man kann diese Perlen heute noch bewundern, allerdings nur in Museen – auf Porträts von Königen, Fürsten oder geistlichen Würdenträgern, die mit Flussperlen bestickte Prunkgewänder trugen. Der Glanz dieser Gewänder zeugte nicht nur von der Macht ihrer Träger. Sondern auch davon, dass deutsche Bäche und Flüsse noch vor gut 200 Jahren förmlich gepflastert waren mit Flussperlmuscheln. Denn nur ein winziger Bruchteil der Schalentiere produziert überhaupt Perlen.

***Die Flussperlmuschel***
**Lateinischer Artname:** Margaritifera margaritifera – »die Perlenbringende«
**Alter:** bis zu 200 Jahre
**Körperbau:** nierenförmig; innere Perlmuttschicht; rostbraune Außenschicht mit ablesbaren Jahresringen

### Perlfischer und Plünderer

Das „Beernten" der Muscheln war über Jahrhunderte Privileg des Adels und der hohen Geistlichkeit; die in ihren Diensten stehenden Perlfischer verstanden sich darauf, die Muscheln mit speziellen Instrumenten so schonend zu öffnen, dass sie die Herausnahme vorhandener Perlen überlebten. Weniger schonend ging man mit „wilden" Perlfischern um: Denen wurde zur Strafe schon mal eine Hand abgehackt.

Doch heute gibt es kaum noch größere Populationen. Die meisten überdauern in abgelegenen Gewässern Schottlands, Skandinaviens oder Nordrusslands. Dieser Schwund hat zwei Ursachen. Eine ist historischer Natur: Im 19. Jahrhundert fiel ein Großteil der europäischen Muschelbestände Plünderern zum Opfer, die nach der weitgehenden Entmachtung »→

***Kosmopoliten*** Muscheln sind in allen Gewässern der Erde verbreitet – ebenso wie ihre nahen Verwandten, die Schnecken.

***Heimisch*** In Deutschland leben sieben Arten von Großmuscheln – darunter die bis zu 26 Zentimeter lange Teichmuschel.

***Glanzstück*** Perlmutt ist ein natürliches Verbundmaterial aus Kalziumkarbonat und organischen Substanzen.

*Im Jahr*

**1970**

*begegnet die Muschel Altmüller – in einer Akte*

Der Biologe weiß, wo er im Bach gehen und stehen darf. Ein Eimer mit Glasboden hilft ihm, Flussperlmuscheln zu erspähen

Störfaktor

Statt Wasserpflanzen brauchen Flussperlmuscheln im Bach blanken Kies als Kinderstube. Am Wirbel schimmern sie golden

Mit ihren zarten Härchen filtern Flussperlmuscheln Nahrung aus dem Wasser

*Nur*
**0,05**
*Millimeter messen die Larven*

Flüsse und Bäche spielen auch für das Ökosystem Wald ein wichtige Rolle. Ein EU-Gesetz schreibt vor, dass bis 2027 alle großen Fließgewässer in »gutem ökologischen Zustand« sein müssen.

Am Mühlenwehr in Marwede kann die Lutter wieder frei fließen – weil Naturschützer das Staurecht kauften

## Als »Schirmart« ist die Flussperlmuschel sehr eng mit ihrem *Lebensraum* verbunden

von Adel und Geistlichkeit keine Strafen mehr fürchten mussten. Die zweite Ursache liegt in der Natur der Muschel. Diese ist ein höchst anspruchsvolles Wesen. Sie überlebt nur in kristallklaren Fließgewässern, und sie nimmt es übel, wenn diese von Menschenhand umgestaltet werden – durch Stauwehre, Begradigungen oder Ausbaggern. Genau das aber ist in Deutschland seit den 1960er Jahren flächendeckend passiert. Selbst kleine Feld- und Wiesenbäche wurden kanalisiert, um Sümpfe trockenzulegen und Flächen für die Landwirtschaft zu gewinnen. Auch Lutter und Lachte blieben nicht verschont. Nur durch einige glückliche Zufälle blieben mehrere Flussabschnitte unversehrt. Und mit ihnen das meiste, was darin lebte.

**Auf der Suche nach Jungmuscheln**

Wenn Reinhard Altmüller mit Besuchern auf Exkursion ans Wasser geht, dann zeigt er ihnen zunächst alles außer der Muschel. Das hat seinen Sinn. Denn die Muschel existiert nur als Teil einer Lebensgemeinschaft, die an und in den beiden Heidebächen besonders reichhaltig ist.

Da sind die Zweigestreifte Quelljungfer und der Kleine Blaupfeil, zwei Libellenarten, die in Niedersachsen selten geworden sind, aber hier in Schwärmen über dem Wasser tanzen. Vom Rand einer Böschung aus erspähten wir Forellen, die abseits der Strömung auf Beute lauerten. Zwischen Forellen und Muscheln, erfuhr ich, existiert eine spezielle Beziehung: Vom Vorkommen dieser Fische hängt nicht weniger als die Existenz der Muschel ab.

Diese Erkenntnis ist relativ neu, und sie wurde an der Lutter gewonnen. Es waren nicht etwa Biologen oder amtliche Naturschützende, die Niedersachsens letzte Flussperlmuscheln erstmals systematisch unter die Lupe nahmen.

Es war ein naturbegeisterter Arzt, der sie Ende der 1960er Jahre eher zufällig bei einer Kanutour entdeckte. Er wollte zunächst Perlen ernten – mit behördlicher Genehmigung – aber er fand kaum welche. Und bei der Suche nach den Gründen stieß er auf ein noch größeres Rätsel. Die Muscheln brachten nicht nur keine Perlen, sondern auch kaum Nachwuchs hervor. Und das, obwohl das Wasser der Lutter sich bei Analysen als kristallklar und schadstofffrei erwies.

Um das Rätsel zu lösen, versammelte der Arzt im Laufe der Jahre ein kleines Team von Gewässerkundlern und Ökologen um sich; auch Reinhard Altmüller ge- ➻

ZYKLUS

### Lebensweg im Bachlauf

*Die Flussperlmuschel braucht gesunde, kühle und kalkarme Fließgewässer: Denn die Larven reisen als blinde Passagiere in den Kiemen von Forellen mit*

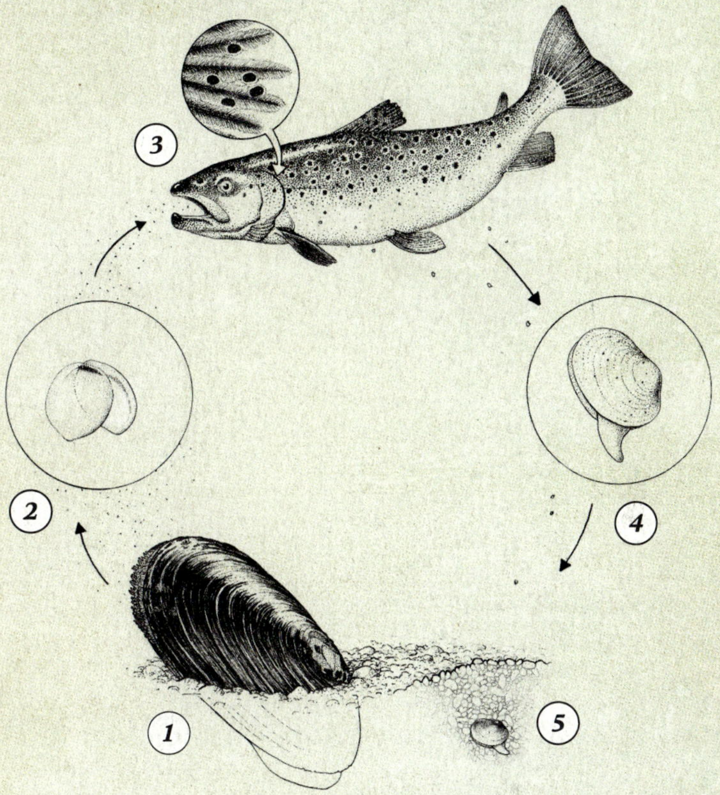


**In den Kiemen eines Muschelweibchens entwickeln sich aus befruchteten Eiern Millionen winziger Larven (1). Die Muschel stößt sie ins Wasser aus (2). Schwimmen Bachforellen vorbei, gelangen die Larven mit dem Atemwasser in die Fischkiemen. Dort klammern sich die Larven mit ihren Schalen im Gewebe fest, das sie umschließt (3). In neun Monaten reifen sie zu Jungmuscheln. Sie sinken auf den Grund (4) und graben sich ein (5). Fünf Jahre später erst wandern sie an die Oberfläche.**

hörte dazu. Durch Beobachtungen und Versuche fanden die Freizeitforscher heraus, dass die Flussperlmuschel zur Fortpflanzung auf zweierlei angewiesen ist: zum einen auf Forellen oder Lachse, an deren Kiemen die Muschellarven nach dem Verlassen der Mutterschalen zehn Monate lang schmarotzen. Andere Fischarten verschmähen sie.

Zum anderen brauchen die Jungmuscheln einen Bachboden aus blankem Kies. Denn in die Lücken zwischen den Steinen nisten sie sich ein, wenn sie nach Ende ihres Larvenstadiums von den Fischkiemen abfallen. Wenn aber diese Lücken durch Sedimente verstopft werden, stirbt der Muschelnachwuchs. Genau das passierte an Lutter und Lachte regelmäßig, wenn etwa Starkregen Sand von den ufernahen Äckern ins Wasser schwemmte.

Sie waren einst zahlreich und beliebt: Ihren Schimmer verdankt die Holzikone der Mutter Gottes den Flussperlen

Fische, Fliegen, Mücken, Libellen: Die Bachfauna erobert geradezu *stürmisch* ihren Lebensraum zurück

### Ein ambitioniertes Projekt

Wie schaffen wir den Sand aus dem Bach? Das fragten sich Altmüller und seine Mitstreiter, nachdem jahrelang eine Jungmuschelgeneration nach der anderen spurlos verschwunden war. Das Bachforscherteam (sein Gründer hatte sich mittlerweile aus Altersgründen zurückgezogen) kam auf eine ebenso einfache wie radikale Lösung: Lutter und Lachte auf ihrer gesamten Länge zu renaturieren, samt ihren Zuflüssen und den landwirtschaftlichen Flächen an ihren Ufern.

Das gelang tatsächlich weitgehend – dank einem großzügig finanzierten Programm zum Schutz von Gewässerrandstreifen, das der damalige Umweltminister Klaus Töpfer 1989 auflegte. Mit Geldern aus diesem Programm setzten die Muschelforscher und -schützer ein Bündel von Maßnahmen für die gesamte Bachfauna um. Sie legten Sandfänge an einmündenden Entwässerungsgräben an, ließen Sedimente aus Mühlteichen abpumpen, kauften ufernahe Äcker und Viehweiden auf oder tauschten sie gegen andere Flächen. Der naturfördernde Umbau der beiden Heidebäche zog sich über Jahrzehnte hin. Im Juli 1997 konnte Reinhard Altmüller schließlich den lang ersehnten Erfolg melden: den Fund von Jungmuschelschalen an einem von Sediment befreiten Bachabschnitt.

Danach haben sich die Flussperlmuscheln in Lutter und Lachte langsam, aber stetig wieder ausgebreitet. Natürlich mit Nachhilfe durch ihre Schützer. Diese haben einige stark versandete Bachabschnitte erst wieder bewohnbar gemacht, indem sie frische Schichten von Kies als künstliches Bachbett darauf verlegen ließen.

Zurzeit leben um die 10 000 Flussperlmuscheln in den beiden Heidebächen. Reinhard Altmüller weiß das, weil er regelmäßig zählt: Dazu steigt er mit Neoprenanzug und Taucherbrille ins Wasser, lässt sich über die Muschelbänke hinweggleiten und notiert jedes einzelne Schalentier, das aus dem Grund hervorragt, mit Bleistift auf der Unterseite eines Eiskartons – das hält auch unter Wasser.

Meist absolviert er seine Schnorchelexkursionen frühmorgens: Er möchte nicht unnötig Aufmerksamkeit erregen und womöglich ungebetene Perlensucher anlocken. Die würden allerdings eh nichts finden. Das Spinnen einer Perle ist für Muscheln nämlich eine Lebensaufgabe, und ein Muschelleben währt lang: in unseren Breiten bis zu einem Jahrhundert.

Die neue Margaritifera-Generation in Lutter und Lachte ist in ihren Dreißigern. Also noch viel zu jung, um Perlen hervorzubringen.

***Evolution*** Muscheln sind uralt: Sie entstanden bereits im Erdzeitalter Kambrium – vor mehr als 500 Millionen Jahren.

***Wertstück*** In Papua-Neuguinea wird noch mit Kina-Muscheln gezahlt, vor allem im Hochland, wo weniger Geld im Umlauf ist.

***Rekord*** Die in Korallenriffen beheimatete Große Riesenmuschel wird bis zu 140 Zentimeter lang und 400 Kilo schwer.

Die Wälder sind ein Segen für die Flussperlmuschel. Als Schattenspender halten sie den Bachlauf kühl

*Um die*
**10000**
*Exemplare leben wieder in Lutter und Lachte*

**Engagement**

Bis 1970 stand hier eine Fabrik von Bayer – die Lutter wird nun um die Altlasten herumgeleitet

*Im Jahr*

**2001**

*öffnete der erste Bestattungswald in Deutschland*

**Wegweiser**
Hierzulande gibt es Hunderte Bestattungswälder, kleinere und größere, oft sind es einzelne Abschnitte in weitläufigen Forsten

# Letzte Ruhe *im Wald*

Immer mehr Menschen entscheiden sich für eine Bestattung unter Bäumen. Viele sehen darin ein Zurückkommen zu jenem Raum, dem wir letztlich alle entstammen: der Natur

*Text: Johannes Teschner*

Die meisten Menschen verbinden den Wald mit Ruhe und Ausgeglichenheit – und schätzen ihn als Ort, an dem sie der Verstorben gedenken können

Umringt von Bäumen können **Trauernde** hier zusammenkommen und etwa Gedenkfeiern abhalten

## Die *Lebensentwürfe* sind heute vielfältiger und ebenso die Vorstellungen von der letzten Ruhestätte

S

Sylke Sander-Wittich hockt neben einer Eiche und überlegt, wo sie die Asche ihrer Mutter vergraben soll. „Hier vielleicht?", fragt sie Mirko Surburg, der mit aufgeklapptem Laptop bei ihr steht. Auf dem Bildschirm kann Surburg sehen, wo im Bestattungswald noch Platz ist – und wo schon eine Urne unter der Erde. Am Nebenbaum etwa. Und auch am Baum von Sander-Wittich.

2008 hat ihre Familie das Nutzungsrecht für die große Eiche, die bis zu zehn Bestattungsplätze bietet, erworben. Ihr Vater ist hier beigesetzt. Nun ist ihre Mutter verstorben, in einer Woche steht die Beerdigung an. Sander-Wittich wünscht sich für sie eine Stelle „möglichst nah bei Vater".

Zusammen mit Surburg, der die Urne als Mitarbeiter des Bestattungswaldes absenken wird, überlegt sie noch ein paar Minuten, dann ist die Position klar. Sander-Wittich wirkt zufrieden. „Das alles hier ist aufwühlend", sagt die 52-Jährige mit feuchten Augen, „aber es fühlt sich auch richtig an." Sehr naturverbunden seien ihre Eltern gewesen. Am Baum könnten sie „nach Hause kommen".

*Rund*
**30**
*Prozent assoziierten in einer Umfrage mit ihrem letzten Waldbesuch: Frieden*

**Eine bewusste Auseinandersetzung mit dem Tod**

Wie Sylke Sander-Wittich entscheiden sich immer mehr Menschen in Deutschland für eine Waldbestattung. Hunderte dafür freigegebene Flächen gibt es mittlerweile zwischen Nordsee und Alpen, kleinere und größere, oft sind es einzelne Abschnitte in weitläufigen Forsten.

Ein Grund für diese Entwicklung, neben der Liebe zur Natur, ist der schwindende Einfluss der Kirche. Der christliche Begräbnisritus gilt nicht mehr als alternativlose Norm. Lebensentwürfe sind vielfältiger geworden – und mit ihnen auch die Vorstellungen zur letzten Ruhestätte.

Als „Ausdruck einer bewussteren und individuelleren Auseinandersetzung mit dem Tod" deutet der Philosophieprofessor Hans-Joachim Pieper das Aufkommen der Bestattungswälder. Pieper hat sich viel ➻

*Gemeinschaft* Ein Familien- und Freundschaftsbaum ist reserviert für mehrere Urnen und ähnelt so einem Familiengrab.

*Stammnah* Beigesetzt werden die Urnen innerhalb des Wurzelraums im Abstand von zwei bis drei Metern vom Stamm.

**Zurück zum Ursprung**
**Der Bestattungswald in der Lüneburger Heide liegt in einem Naturschutzgebiet**

mit der „Ethik des Sterbens“ beschäftigt. Der Wald, meint er, spreche ganz unterschiedliche Persönlichkeiten an. Pragmatiker, die ihren Hinterbliebenen keine Grabpflege aufbürden möchten. „Aber ebenso spirituelle Menschen: etwa durch den Gedanken, dass sie wieder eingehen in das große Ganze der Natur – samt ihrer unsterblichen Seele.“

Auch Sylke Sander-Wittich sieht im Wald mehr als eine Ansammlung von Bäumen. Beim Gang durch den Forst hält sie immer wieder inne, betrachtet ausführlich Buchen, Eichen, Birken. „Das hier ist der Ursprung“, sagt sie und macht eine ausladende Handbewegung. Schon als Kind habe sie gern unter dem Baum im Schrebergarten ihrer Eltern gesessen und „sich mit allem unterhalten, was da so kreucht und fleucht“.

**Auf der Suche nach einem geeigneten Baum**

Dass ihr Vater kein Friedhofsgrab wollte, sei schnell geklärt gewesen. Die Möglichkeit einer Seebestattung habe sie noch mit ihm besprochen. „Aber da hat er gesagt: Das ist mir auf Dauer zu kalt. Lieber der Wald.“

Den Baum konnte ihr Vater nicht mehr selbst aussuchen. Die Eiche, für die sich Sander-Wittich und ihre Mutter entschieden, sei ihnen „sehr gewitzt“ vorgekommen, „herzlich, fürsorglich. Wie mein Vater.“

Mirko Surburg, der seit 2017 im Bestattungswald arbeitet, kann viele Geschichten erzählen von der Suche nach dem richtigen Baum. „Es ist berührend, wie viele Gedanken sich die Hinterbliebenen darüber machen“, sagt er. Etwa der Witwer, der mit seinen Kindern kam und einen ganz schiefen Baum wählte. „Das war ungewöhnlich, aber er hat es mir erklärt: Seine Frau hatte lange im Krankenhaus gelegen, am Ende in einer stark verkrümmten Körperhaltung. Dieser Baum hat für ihn ihre Geschichte, ihr Leid gespiegelt. Das hat mich tief beeindruckt.“

Er habe sich abgewöhnt, bei Trauer und Bestattungen in Kategorien wie richtig oder falsch zu denken, sagt Surburg. „Mal kommen 60 Leute ganz in Schwarz, mal sind es drei mit Wanderrucksäcken und kurzen Hosen. Das macht jeder, wie er will. Hauptsache, es tut den Leuten gut.“

Bei der Beerdigung ihres Vaters habe ihre Tochter mit ein paar Freundinnen Blockflöte und Gitarre gespielt, erzählt Sander-Wittich beim Spaziergang durch den Wald. „Und dann haben wir noch Vaters Lieb- »→

*Mit einem Anteil von*
**15**
*Prozent ist die Rotbuche der häufigste Baum Detuschlands*

*Erweiterung* Inzwischen werden auch auf bereits bestehenden Friedhöfen Bestattungen unter Bäumen angeboten.

*Ohne Aufwand* Zum Konzept von Bestattungswäldern gehört, dass Grabpflege entfällt – denn die übernimmt die Natur.

Neben *der Liebe zur Natur* ist ein Grund für die Entwicklung der schwindende Einfluss der Kirche

Die Urnen, die am Fuß der **Bäume** in den Boden gelassen werden, sind biologisch abbaubar und werden so irgendwann Teil des Bodens

**Verbundensein**
**Sylke Sander-Wittich spürt seit ihrer Kindheit eine starke Nähe zur Natur. Ihre Eltern sind in einem Bestattungswald beigesetzt**

## Manche Bäume haben kleine Namensplaketten am Stamm, andere sind von normalen Bäumen nicht zu unterscheiden

lingslied vom Band laufen lassen: ‚Freunde, das Leben ist lebenswert.' Das hat er immer gesungen, wenn er gesellig wurde." Von außen betrachtet habe das vielleicht merkwürdig gewirkt, sagt sie und lächelt. „Aber es geht nicht um Konventionen, sondern darum, dass es für uns so am passendsten war. Und für ihn sowieso."

Sonnenlicht fällt durch das Blätterdach. Nur ein Teil des Waldes, gelegen in einem Naturschutzgebiet in der Lüneburger Heide, besteht aus Bestattungsbäumen. Manche haben Namensplaketten am Stamm, andere sind nicht von normalen Bäumen zu unterscheiden. Grabschmuck ist im Naturschutzgebiet untersagt. Nur an zwei jungen Buchen, den „Sternschnuppenbäumen", machen die Förster eine Ausnahme. Dort sind Kinder bestattet, an den Stämmen liegen Blumenblätter und bemalte Steine. Einen roten Traktor zeigt eines der Bilder. Ein Eichhörnchen ein anderes.

*Kremationsasche stellt keine Gefahr für den Baum oder den Waldboden dar*

**Eine besondere Form der Intimität**

Dass viele Grabstätten gar nicht oder nur auf den zweiten Blick als solche zu erkennen sind, deutet der Philosoph Pieper als „Wunsch nach Intimität". Denn so wüssten nur enge Bezugspersonen von der Stelle. Zudem sei der Verstorbene durch die Anonymisierung weniger an einen Ort gebunden, betont werde eher die grundsätzliche Verbindung des Menschen mit der Natur. So könne der Tote die Angehörigen an jeden Ort begleiten, sei immer präsent. „Ein tröstlicher Gedanke", meint Pieper.

Nach der Beisetzung ihres Vaters habe sich ihre Mutter einen Stein und ein paar Eicheln mitgenommen, sagt Sander-Wittich, sie zu Hause zu einem Foto des Verstorbenen gelegt und so „einen kleinen Altar errichtet. An diesem Altar war sie eins mit Vater. Und auch immer, wenn sie in der Natur war." Am Ende des Treffens, als es zurück zum Parkplatz geht, hält Sander-Wittich einen Ast in der Hand.

Einige Wochen später erzählt sie am Telefon von der Trauerfeier. Ihre Tochter und sie hätten in strömendem Regen Gedichte ihrer Mutter vorgelesen, Lieder gehört, eigene Texte vorgetragen. Es sei „berührend bis ins Mark" gewesen und sie sei „glücklich", wenn sie an den Tag zurückdenke.

In ihrer Wohnung stehen jetzt zwei Altäre: Fotos ihrer Eltern, Kerzen – und Äste, Blätter, Eicheln. ●

***Asche*** Voraussetzung für die Beisetzung ist die Einäscherung. Eine Erdbestattung ist aus rechtlichen Gründen nicht möglich.

***Ins Meer*** Eine Alternative zur klassischen Friedhofsbestattung ist auch die Seebestattung – die Urne wird dem Meer übergeben.

*Mehr als*
**50**
*Prozent der Erde sind ständig von Wolken beschattet*

**Gewitter**
*Zu mächtigen Formationen türmen sich Kumulonimbuswolken auf – die in ihnen gespeicherte Energie entlädt sich oft heftig*

**Morgenstimmung**
*Indem Wolken Sonnenstrahlen auf unterschiedliche Weise reflektieren, beeinflussen sie die klimatischen Bedingungen (r.)*

# Die *luftigen* Regenmacher

**Sie prägen maßgeblich die Bedingungen auf unserem Planeten – und sind zugleich voller Geheimnisse: Wolken**

**Chaos**
*Die Vorgänge im Inneren von Wolken sind so turbulent und komplex, dass sie nur schwer vorherzusehen sind*

Sie bilden sich unversehens – und können sich rasch wieder auflösen. Mal erscheinen sie wie geballte Watte, mal wie Meereswellen oder wie zarte Gazeschleier. Mal sind sie von gewittrigem Schwarz, von bläulichem Grau, oder sie strahlen blendend weiß. Manche von ihnen bestehen aus winzigen Tröpfchen, andere aus Eis.

Wolken sind dynamische, vielgestaltige Gebilde, die das Bild unseres Planeten grundlegend prägen – und maßgeblich für das Leben auf den Kontinenten sind. Schließlich spielen sie eine entscheidende Rolle im weltweiten Wasserkreislauf.

Sie enthalten jene Feuchtigkeit, die aus Meeren, Flüssen, Seen und Wäldern verdunstet, transportieren sie über große Entfernungen, lassen sie andernorts wieder abregnen und verteilen so das Leben spendende Nass. Mehr als 50 Prozent der Erdoberfläche sind ständig von Wolken beschattet, die sich mal knapp über dem Boden, mal in zwei, fünf oder gar 18 Kilometer Höhe befinden. Auf diese Weise zirkulieren in der Atmosphäre (auch aus Dampf) rund 13 Billionen Tonnen Wasser – das entspricht etwa dem 270-fachen Volumen des Bodensees.

Alle zehn Tage wird die verdunstete Flüssigkeit am Himmel einmal komplett ausgetauscht. Eine grobe Schätzung hat ergeben, dass eine einzige kleinere Kumuluswolke (siehe Kasten), die einen Quadratkilometer überdeckt und einen halben Kilometer hoch ist, nicht weniger als 200 Tonnen Wasser enthält.

Die Vorgänge im Inneren von Wolken sind chaotisch, schwer zu beobachten und noch schwerer vorauszuberechnen. Ihre Entstehung verläuft dagegen relativ einfach: Wenn Wasser unter der Einwirkung von Wärme verdunstet, steigen dessen Moleküle mit der Luft als Gas auf, als unsichtbarer Wasserdampf – ein Kubikmeter Luft kann bei 20 Grad Celsius rund 17 Gramm

*Wolkenkunde* Der 1772 geborene Engländer Luke Howard definierte die Wolkengrundformen Zirrus, Stratus und Kumulus.

*Regen* Der Durchmesser flüssiger Tröpfchen in einer Wolke liegt zwischen zwei Mikrometern und bis zu zwei Millimetern.

*Galaktisch* Die mit 90 bis 100 Kilometern wohl höchstgelegenen Wolken unseres Sonnensystems gibt es auf dem Mars.

# Ohne schwebende *Partikel* in der Luft, würde keine einzige Wolke entstehen

Dampf aufnehmen. Mit zunehmender Höhe aber sinkt der Luftdruck, die feuchte Luft dehnt sich deshalb aus und kühlt sich dabei ab. Je kühler sie wird, desto weniger Wasserdampf vermag sie zu halten und desto mehr Dampf verwandelt sich wieder in sichtbare Tröpfchen: Das bis dahin unsichtbare Gas kondensiert.

Wolken können also entstehen, wenn zum Beispiel Sonneneinstrahlung Luft erwärmt, die dadurch leichter wird und hochsteigt, oder auch, wenn warme, wasserdampfreiche Luft aufsteigt, etwa an Berghängen.

Damit aber aus gasförmigem Wasserdampf Wolken werden, bedarf es der atmosphärischen Aerosolpartikel; das sind wenige Millionstel bis Tausendstel Millimeter kleine Teilchen in der Luft, an die sich der Wasserdampf anlagern und wieder zu Wasser werden kann. Denn nur so ist es möglich, dass sich die anfangs nur Bruchteile von Millimetern großen Tröpfchen bilden, die dann zusammen als Wolke sichtbar sind.

Die Aerosolpartikel wirken als „Kondensationskeime". Ohne diese schwebenden Partikel würde selbst in zu 100 Prozent wasserdampfgesättigter Luft keine Wolke entstehen. Besonders wirksam für die Entwicklung der weißlichen Gebilde sind leicht lösliche und Wasser anziehende Substanzen wie beispielsweise Meersalz, das mit der Gischt in die Atmosphäre getragen werden kann.

Doch ebenso fördert feiner Bodenstaub, der etwa durch Wüstenstürme in die untere Schicht der Atmosphäre gewirbelt wird, die Bildung von Wolken. Auch Pilzsporen, Pollen oder Pflanzenabrieb, Mikroorganismen oder Rußpartikel aus industriellen oder natürlichen Verbrennungsprozessen können als Kondensationskeime dienen.

**Wolken, die aus Eis bestehen**

Aufgrund von Höhenwinden und der Turbulenzen, die durch die immer neu von unten aufstrebende Warmluft entstehen, werden die Tröpfchen aus flüssigem Wasser ständig durcheinandergewirbelt. Dabei kollidieren sie miteinander, fügen sich zusammen und können auf diese Weise größere Tropfen bilden. Werden sie schließlich so schwer, dass die Luft sie nicht »→

**Wasserspeicher**

*Kumuluswolken sind riesige Reservoire: Selbst kleinere können Dutzende Tonnen Flüssigkeit enthalten (o.)*

**Kühlung**

*Vor allem im Schatten von tiefen, wasserreichen Wolkenbergen sinkt die Temperatur abrupt. Die Ungetüme schützen so vor einer Überhitzung der Atmosphäre (l.)*

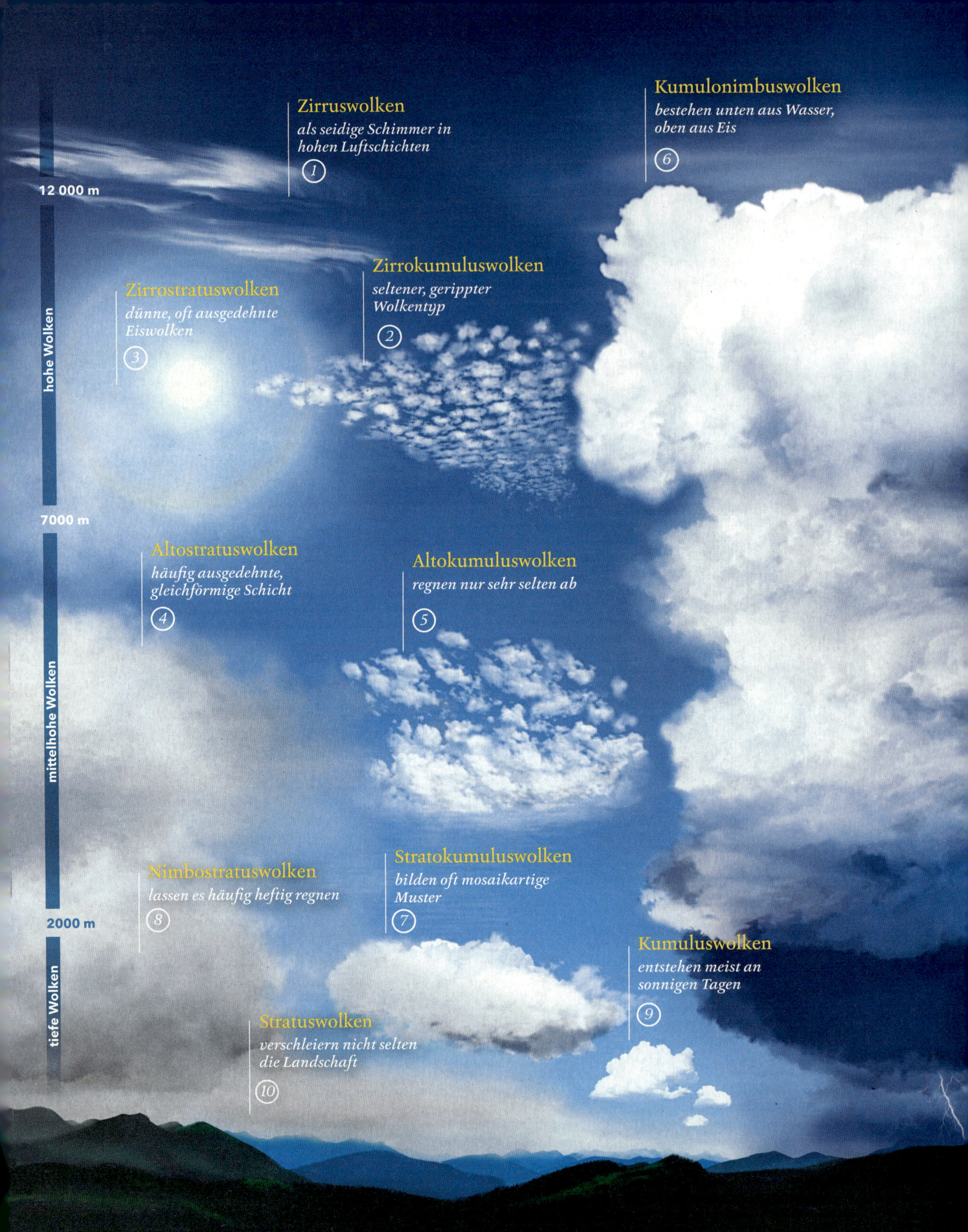
12 000 m
7000 m
2000 m
hohe Wolken
mittelhohe Wolken
tiefe Wolken
Zirruswolken
als seidige Schimmer in hohen Luftschichten
1
Zirrokumuluswolken
seltener, gerippter Wolkentyp
2
Zirrostratuswolken
dünne, oft ausgedehnte Eiswolken
3
Altostratuswolken
häufig ausgedehnte, gleichförmige Schicht
4
Altokumuluswolken
regnen nur sehr selten ab
5
Kumulonimbuswolken
bestehen unten aus Wasser, oben aus Eis
6
Stratokumuluswolken
bilden oft mosaikartige Muster
7
Nimbostratuswolken
lassen es häufig heftig regnen
8
Kumuluswolken
entstehen meist an sonnigen Tagen
9
Stratuswolken
verschleiern nicht selten die Landschaft
10

## Von Altostratus bis Zirrus

*Wolken lassen sich verschiedenen Typen zuordnen, manche sind Schönwetterboten, andere künden von Regen*

### ① Zirruswolken
Starke Höhenwinde lassen die leuchtend weißen Fasern entstehen, die meist vor Tiefdruckgebieten auftauchen

### ② Zirrokumuluswolken
Die aus Eiskristallen bestehenden, feinkörnigen Strukturen schweben in großer Höhe. Sommers können sie Gewittervorboten sein

### ③ Zirrostratuswolken
Zarte, flächige Schleier aus Eis, die teils den ganzen Himmel überspannen und einen Ring aus Licht um die Sonne hervorrufen

### ④ Altostratuswolken
Blaugraue, oft sehr ausgedehnte Schichtwolken aus Wassertröpfchen und Eiskristallen, aus denen es nieseln kann

### ⑤ Altokumuluswolken
Auch »Schäfchenwolken« genannt; die Felder mit regelmäßigen Flecken oder Walzen entstehen etwa durch stärkere Winde

### ⑥ Kumulonimbuswolken
Bis zu mehrere Kilometer hohe Wolkentürme, aus denen Regen, Schnee oder Hagel fällt. Mitunter bilden sich auch Gewitter

### ⑦ Stratokumuluswolken
Stellen hierzulande die häufigste Wolkenart – sie regnen nur selten ab und deuten im Winter auf Wetterbesserung

### ⑧ Nimbostratuswolken
Verdunkeln den Himmel und lassen es kräftig regnen. Mitunter bringen die grauen Gebilde auch Schnee oder Hagel

### ⑨ Kumuluswolken
Scharf konturierte Quellwolken, die von schönem Wetter künden – flache schattige Unterseite, darüber leuchtende Rundungen

### ⑩ Stratuswolken
Sehr niedrig hängende Schicht oder Schwaden, in die mitunter hohe Gebäude hineinragen. Oft versprühen sie Nieselregen



Wolken bieten einen natürlichen *Schutz* vor der ungebremsten Erhitzung der Atmosphäre

mehr tragen kann, fallen sie als Regen zu Boden. In den höheren, kälteren Schichten bestehen die Wolken meist aus Eiskristallen. Ab etwa minus fünf Grad Celsius können Wolkentröpfchen gefrieren, die einstige Wasserwolke wird zu einem Gemisch aus Wasser und Eis. Erst in noch größeren Höhen (bei Temperaturen ab minus 38 Grad) wird sie zur Eiswolke.

Häufig beginnen die Regentropfen ihren Fall zur Erde als Eiskristalle und tauen erst unterwegs auf. Können sie aufgrund von Turbulenzen und starken Aufwinden lange anwachsen, bevor sie den Weg nach unten nehmen, werden sie so groß, dass sie nicht gänzlich schmelzen. Dann erreichen sie die Erde als Hagel.

**Wolken mit unterschiedlicher Wirkung**

Wolken transportieren aber nicht nur Wasser über zuweilen weite Strecken – sie verhindern auch, dass sehr heiße Gegenden regelrecht überhitzen. Denn wie ein riesiges Sonnensegel wirft die Bewölkung einen Teil der einfallenden sichtbaren und ultravioletten Sonnenstrahlung zurück in den Weltraum. Im Schatten von Wolkenbergen sinkt die Temperatur daher abrupt; große, dichte Wolken bieten also einen natürlichen Schutz vor der ungebremsten Erhitzung der Erdatmosphäre.

Das gilt jedoch nicht für die ebenfalls weißen, faserigen Zirruswolken, die in großer Höhe schweben. Diese Gebilde bestehen aus dünnen Schichten von Eiskristallen, die den gegenteiligen Effekt haben: Sie lassen viel von dem aus dem All einfallenden Sonnenlicht durch und halten einen Großteil der von der Erde kommenden Wärmestrahlung zurück.

Und das führt zur Erwärmung der Erdoberfläche, nicht zu ihrer Abkühlung.

Mit anderen Worten: Tief hängende, wasserreiche Wolken reflektieren an ihrer Oberseite relativ viel Sonnenlicht – sie kühlen den Globus (wenngleich auch sie die vom Erdboden kommende Wärmestrahlung – allerdings in weit geringerem Ausmaß – zurückhalten). Hohe, fedrige Wolken dagegen lassen Sonnenlicht leichter passieren, aber nur wenig Wärme ins All entkommen; die Erde heizt sich auf. ➻

# Je wärmer es wird, desto größer die Wahrscheinlichkeit für mehr *Gewitter* und heftige Stürme

**Entstehung**
*Kondensiert Wasserdampf an Mikropartikeln wie Staub, wird er zu sichtbaren Wassertröpfchen – zu einer Wolke (o.)*

**Veränderung**
*In turbulenten Zellen gefrieren Wassertröpfchen, laden sich elektrisch auf oder regnen ab (u.)*

Aus diesem Grund interessieren sich Wissenschaftler zunehmend für die Frage, ob nicht auch die Kondensstreifen der sehr hoch fliegenden Düsenjets auf das irdische Klima einwirken können. Diese hellen Streifen am Himmel sind nämlich nichts anderes als durch Wasserdampf aus den Triebwerken gebildete Wolken aus Eiskristallen – quasi schockgefroren bei Temperaturen zwischen minus 40 und minus 70 Grad Celsius.

**Unerwünschte Effekte**

In diesen Höhen ist in der Regel nur noch wenig Wasserdampf in der Luft vorhanden. Doch die Verbrennung eines Kilogramms Kerosin in der Flugzeugturbine erzeugt rund 1,25 Kilogramm Wasserdampf, der mit den Abgasen entweicht – sowie eine größere Menge Rußpartikel, die in der kalten Umgebung sofort als Keime für die künstlichen Eiswolken dienen.

Bislang schreiben viele Forscher diesen maschinell erzeugten Wolken nur einen geringen Einfluss auf das Klima zu. Aber noch ist nicht geklärt, in welchem Ausmaß die Partikel aus den Kondensstreifen möglicherweise die Entstehung zusätzlicher Zirruswolken begünstigen – die dann zur weiteren Erwärmung der unteren Luftschichten beitragen können. Das könnte durchaus unerwünschte Effekte haben.

Denn je wärmer es in der irdischen Lufthülle wird, desto mehr Wasser steigt auch in die Atmosphäre auf – und desto größer wird die Wahrscheinlichkeit für Wetterextreme: Immer mehr Wolkenbrüche, mehr Gewitter und kräftigere Wirbelstürme könnten den Menschen zu schaffen machen. So bilden sich Gewitter unter anderem dann, wenn sehr warme und feuchte, schnell aufsteigende Luft jene riesigen Wolkengebirge entstehen lässt, die nicht selten bis zur oberen Grenzschicht der Troposphäre reichen.

Welche zerstörerische Kraft der von der Erde aufsteigende Wasserdampf entfachen kann, zeigt sich nirgendwo so deutlich wie in den Tropen – wenn sich in einem Tiefdruckgebiet über dem Meer dichter Dampf zu schweren Tropfen ballt. Und die freigesetzte Wärmeenergie den Luftmassen weiteren Auftrieb verleiht. Ein immer stärkerer Sog entsteht, der noch mehr feuchtwarme Luft anzieht.

Bis sich das Gebilde zu einem Wirbelsturm zusammenbraut. Und damit zur kraftvollsten Wolkenformation des Planeten.

*Heiter bis wolkig* Von allen Bundesländern verzeichnete Nordrhein-Westfalen im Jahr 2020 am wenigsten Sonnenstunden.

*Wolkenernte* In Chile und Marokko gibt es Anlagen, die Wolken mit Netzen kämmen und so Trinkwasser gewinnen.

*Wolkenfrei* Den trockensten Ort der Erde haben Forscher in einem antarktischen Felsmassiv in 4053 Meter Höhe ausgemacht.

**Explodierender Himmel**

*Manche Wolken bergen so viel Energie, dass diese sich in Form von Blitzen entlädt*

# Was machen *Papageien* in Deutschland?

*Text und Illustration: Rainer Harf*

**In mehr als 20 Städten fliegen Schwärme schillernd grüner Vögel umher: Es sind Halsbandsittiche, die schon vor Jahrzehnten erste Kolonien gebildet haben und die sich nun in immer mehr Regionen zu Hause fühlen**

Wer in Köln, Wiesbaden, Bonn oder Düsseldorf Urlaub macht, wird bisweilen von ungeahnter Exotik überrascht und guckt fast ungläubig gen Himmel, wenn ein Schwarm quietschgrüner Papageien kreischend durch die Lüfte schnellt. Rheinländer kennen den Anblick: Denn schon seit etlichen Jahren gehören Halsbandsittiche zum festen Ensemble der städtischen Vogelwelt.

Ursprünglich heimisch rund um den indischen Subkontinent sowie in der afrikanischen Sahelzone, sind die Papageien – mit Ausnahme der Antarktis – auf allen Kontinenten zu Hause. Hierzulande wurde bereits 1969 das erste Brutpaar in Köln beobachtet: Gefangenschaftsflüchtlinge (aus Indien), die mit den Bedingungen in ihrer neuen Welt gut zurechtkamen und bald erste Kolonien bildeten. Heute flattern die Vögel in mindestens 25 deutschen Städten – insbesondere entlang der Rheinschiene – umher.

Die rund 40 Zentimeter langen Tiere haben einen breiten Speisezettel: Sie futtern Beeren und Blüten, Knospen und Samen. Im Frühjahr bauen die Sittiche ein Nest – bevorzugt in Stammhöhlen alter Laubbäume –, wo sie zwei bis sechs Eier legen. Inwieweit die Papageien heimischen Tieren Konkurrenz machen, ist noch nicht ganz geklärt. Derzeit gilt der Halsbandsittich zwar als gebietsfremde, aber nur „potenziell invasive" Art.

Außerhalb der Brutsaison sammeln sich die hochsozialen Vögel, die tagsüber oft in kleinen Trupps umherschwirren, allabendlich in Schlafbäumen. Bis die Tiere zur Ruhe kommen, herrscht dann eine Zeitlang Gezeter, was bereits zu Konflikten mit entnervten Anwohnern geführt hat. Doch die Vögel gehören inzwischen nun einmal zur Stadtfauna. Und sie werden nicht verschwinden. Zwar macht ihnen anhaltender Frost zu schaffen – doch die immer milderen Winter der vergangenen Jahre spielen den Papageien zu. ●

# Hinein in den

*Mehr als 100 Jahre alte Bäume begegnen Reporterin Isabel Stettin (r.) und Tourismusmanagerin Simona Bordea auf ihrem Streifzug durch den Urwald*

# Zauberwald

**Verwunschene Urwälder, unberührte Natur, Dörfer, wie aus der Zeit gefallen: Eine Reise durch die *rumänischen Karpaten* führt zu einem der letzten wilden Flecken Europas**

*Text: Isabel Stettin Fotos: Sascha Montag*

*Nebelschwaden umhüllen die Făgăraș-Berge im Süden der Karpaten. Wilde Großraubtiere wie Braunbären, Wölfe und Luchse sind hier beheimatet*

Vereinzelt tauchen urige Dörfer in der nur spärlich besiedelten Landschaft auf

Nebel hat sich zwischen den Bäumen verfangen. Die Luft ist feucht. Die Kapuze tief über ihren Kopf gezogen, trotzt Simona Bordea dem Regen. Sie watet durch matschige Pfützen, den Blick immer auf dem Boden. Plötzlich bleibt sie wie angewurzelt stehen. „Erkennt ihr, wer hier vor uns entlangspaziert ist?“ Sie beugt sich zu einem unübersehbaren Häufchen. „Pilze standen auf dem Speiseplan – und Blaubeeren. Ein Feinschmecker, dieser Braunbär.“ Sie lacht. „Vielleicht sind im Schlamm noch Abdrücke seiner Tatzen zu entdecken.“

**Fern der Zivilisation steht eine Hütte**

Simona Bordea arbeitet als Tourismusmanagerin für die Stiftung Carpathia. Doch statt im Büro zu sitzen, begleitet sie immer wieder Gäste dorthin, wo sie selbst am liebsten ist: in die Wildnis. Wer durch die rumänischen Făgăraș-Berge wandert, begegnet oft tagelang keiner Menschenseele. Doch wilde Tiere sind immer in der Nähe, auch wenn sie sich verbergen. Ihre Spuren verraten die Wölfe und Luchse, die Wildschweine und Füchse.

Wann immer Simona Bordea bei ihren Reisen in den USA, in Asien, beim Pilgern auf dem Jakobsweg erzählte, dass sie aus Transsilvanien stammte, witzelten alle über Graf Dracula. Heute zeigt Bordea Menschen aus der ganzen Welt, dass ihre Heimat mehr zu bieten hat als blutrünstige Legenden. Die Karpaten überzieht das größte Waldgebiet Europas. Zwei Drittel der verbliebenen Urwälder des Kontinents liegen in Rumänien. Ein letzter Flecken Wildnis, wo kilometerweit keine Siedlung zu finden ist.

Es geht bergauf, einen schmalen Weg entlang, dann weitet sich die Sicht. Auf einer Lichtung, umgeben von Wald, fern der Zivilisation steht die kleine Wildnishütte Bunea, mit Blick über den Pecineagu-See, der in der Dämmerung langsam verschwindet.

Im Inneren entfacht Simona Bordea ein knisterndes Feuer. Sie schneidet geräucherten Käse auf »

*Wesen, die die Zeiten überdauern: Uralten Bäumen nahe zu sein, kann demütig machen gegenüber den Wundern der belebten Natur*

*Mehr als ein Drittel aller in Zentraleuropa noch wild lebenden Großraubtiere – Braunbären, Wölfe und Luchse – ist in den Karpaten beheimatet*

*Die Gebirgskette der Karpaten erstreckt sich auf einer Länge von 1500 Kilometern bogenförmig von Tschechien bis nach Rumänien, wo der größte Teil liegt*

*Wild und unberührt zeigen sich die Wälder – doch selbst die Schutzgebiete sind bedroht von illegaler Abholzung*

Seit Jahrhunderten setzen rumänische Schäfer Karpaten-Hirtenhunde ein, um ihre Herden zu verteidigen

*Kein Strom, kein Licht, kein Handyempfang – fernab der Zivilissation steht eine kleine Hütte, die unvergessliche Ausblicke gewährt: Mit etwas Glück streifen Bären und Luchse über eine Lichtung, Hirsche brüllen in die Dunkelheit*

*Wenn die Natur ihr Schauspiel beginnt, werden die Panoramafenster zur Kinoleinwand: Hat sich dort hinten ein Räuber aus seiner Deckung gewagt?*

Gebannt

*Im Schein von Kerzen verdichten sich die sagenhaften Eindrücke des Tages*

*Wer hierherkommt, die Magie der endlosen Wiesen und Wälder erlebt, Tiere beobachtet und sich auf das Ursprüngliche einlässt, denkt danach anders über die Natur*

*Die kleinen Herbergen bieten Schutz und Ausblick – etwa auf Wisente, die wieder vermehrt durch die rumänischen Wälder streifen*

*Die Aufnahmen von Videofallen bezeugen die Präsenz des Braunbären – der Lärm von Motorsägen treibt die Tiere zunehmend aus dem Wald*

Die Wildbiologen Barbara und Christoph Promberger betreiben einen Pferdehof in Siebenbürgen und haben sich dem Schutz der Wälder verschrieben

## Das Paar arbeitet an einem kühnen Projekt: den größten Wald-Nationalpark Europas zu schaffen

und frisches Brot. Auf dem Tisch brennen Kerzen. Es gibt keinen Strom, keinen Handy-Empfang. Panorama-Fenster gewähren wie auf der Kinoleinwand einen sagenhaften Blick, die Natur beginnt mit ihrem Schauspiel. Sanft ziehen sich die Hügel, der Wald dicht verwoben. Es ist stockfinster, kein Licht zu sehen, nur der Vollmond taucht die Hütte in silbernen Glanz. Bloß ein paar brünftige Hirsche durchbrechen die Stille und brüllen ihre Sehnsucht in die Nacht.

Die Touristen, die hier die Nächte verbrachten, haben Aufzeichnungen hinterlassen: Bär gesichtet: „Big Boss". Wölfe. Füchse. Ein Luchs. Jede Beobachtung ist fein säuberlich aufgeführt, versehen mit der Uhrzeit. Hinter Ferngläsern warten wir darauf, dass sich etwas regt. Doch es bleibt ruhig auf der Lichtung.

Am nächsten Morgen ziehen wir weiter, durch Simona Bordeas „Zauberwald", wie sie ihn nennt, vorbei an uralten Buchen. „Wenn ich mir vorstelle, was diese Bäume in den vergangenen Hunderten Jahren alles miterlebt haben, werde ich andächtig", sagt sie. „Im Wald komme ich bei mir an, hier zu spazieren ist meine Meditation." Wild und unberührt, so zeigt sich die Landschaft an vielen Stellen. Doch es ist ein zerbrechliches Paradies, selbst die Schutzgebiete sind bedroht durch illegale Abholzung. In den letzten Jahrzehnten wurden Rumäniens Wälder massiv abgeholzt. Laut der Naturschutzstiftung Euro Natur soll von den mehr als 200 000 Hektar unberührter Wälder, die im Jahr 2004 kartiert wurden, gerade die Hälfte intakt sein.

Die Nachfrage nach billigem Holz steigt – auch aus Westeuropa. Der Kahlschlag frisst sich immer tiefer hinein. Der Lärm der Motorsägen und schweren Lastwagen treibt die Bären aus dem Wald – näher an die Dörfer, zum Unmut der Bauern, die um ihr Vieh fürchten.

Die Karpaten überzieht das größte noch bestehende geschlossene Laubwaldgebiet Europas

### Eine Wildnis, die nachdenklich macht

„Erst wenn die Menschen merken, dass sie mit ihrem Wald besser leben können als vom Holzverkauf, gibt es Hoffnung", sagt Simona Bordea. „Wer hierherkommt, mehr über das Ökosystem lernt, Tiere beobachtet, denkt danach anders über die Natur", sagt sie am Abend, als wir den Gipfel von Comisu erreicht haben, das Lager für die nächste Nacht. Ein Wisent beginnt gemächlich vor der Hütte zu grasen. Seit wenigen Jahren streifen die ausgewilderten Ur-Rinder wieder durch die rumänischen Wälder.

„Zurück zum Ursprung und Natur Natur sein lassen", das ist die Vision von Christoph und Barbara Promberger, die eines der ambitioniertesten europäischen Naturschutzprojekte vorantreiben. „Wir haben hier eine einzigartige biologische Vielfalt, die es so kaum mehr gibt. Ökologischer Tourismus könnte »→

*Traurige Bilanz* Seit 2001 wurden in Rumänien 349 000 Hektar Wald abgeholzt, die Hälfte davon illegal. Einen der größten Kahlschläge findet man in den Gebirgskämmen rund um Borsa.

*Web-Portal* Auf carpathia.org informiert die Stiftung »Foundation Conservation Carpathia« über ihre Bemühungen, in den Südkarpaten das größte Wald-Naturschutzgebiet Europas zu gründen.

## Ökologischer Tourismus könnte die Urwälder dauerhaft schützen und die Vielfalt bewahren

*Auf einer Ökofarm züchten Bauern ungarische Steppenrinder, die imposante Hörner tragen – und vom Aussterben bedroht sind*

die Urwälder dauerhaft schützen, wirtschaftliche Interessen im Einklang mit dem Schutz der Natur."

Ursprünglich als Wolfsforschende landete das Paar in den Karpaten, ergründete das Verhalten der Rudel – und verliebte sich in die schroffe Landschaft, die endlosen Wiesen und Wälder und ineinander. Heute betreiben die beiden in Siebenbürgen einen Pferdehof, halten auch ein paar Schweine.

In ihrem Garten wachsen Kürbisse und Kartoffeln, Brombeeren, allerlei Kräuter. Genug zum Leben für die Familie und ihre Gäste, die zum Reiturlaub nach Sinca Noua in Siebenbürgen kommen. Die beiden Wildbiologen leiten die Foundation Conservation Carpathia, für die auch Simona Bordea arbeitet. Die Naturschutzstiftung kauft Wälder auf, um sie vor illegalem Holzeinschlag und Wilderei zu schützen. Bislang mehr als 25 000 Hektar stehen unter Schutz, werden aufgeforstet. Gemeinsam mit den angrenzenden Făgăraș- und Leaota-Bergen soll in Zukunft der größte Wald-Nationalpark Europas entstehen, ein Schutzgebiet von mehr als 250 000 Hektar: zehn Mal größer als der Nationalpark Bayerischer Wald in der Heimat von Christoph Promberger.

*Kahlschlagstellen im Făgăraș-Gebirge zeigen, wie zerbrechlich das Paradies ist: Die Nachfrage nach billigem Holz führt zu massiver Abholzung*

**Produzieren und Bewahren**

Unweit von seinem Pferdehof im Dorf Cobor, eine Stunde Fahrt durch das sattgrüne siebenbürgische Hügelland, züchten Mitarbeiter auf einer Ökofarm mit Pferdepension ungarische Steppenrinder, eine alte Rinderrasse mit imposanten Hörnern. Angestellte aus dem Dorf kümmern sich um sie.

Neben der Weide bellen Karpaten-Hirtenhunde. Eine Hündin liegt im Zwinger, ihre Welpen säugen an ihren Zitzen. Die Hütehunde werden zum Schutz der Schafherden kostenlos an die Schäfer der Făgăraș-Berge verteilt – damit sie die Herden vor Wölfen und Bären schützen. Was die Landwirte in den kleinen Dörfern produzieren – eingelegtes Gemüse, Wurst, Brot, Heidelbeer-Marmelade –, das landet auf den Tellern der Wildnis-Touristen, die mit Simona Bordea und ihren Kollegen auf den kleinen Hütten beobachten, was es zu bewahren gilt: die rumänische Wildnis.

*Bis zu*
**10**
*Jahre kommen manche Zecken ohne Nahrung aus*

# Plagegeister

**Ein Sommerspaziergang durch Wald und Wiesen könnte so schön sein - lauerten nicht die Zecken im Gebüsch. Doch für das natürliche Gleichgewicht spielen die Blutsauger eine wichtige Rolle**

# Zecken-Alarm

**Kaum ein Krabbeltier hat einen so schlechten Ruf wie die Zecke. Und das nicht ganz zu Unrecht: Unbemerkt fällt sie ihre Beute an, krallt sich fest und saugt über Stunden ihr Blut. Dabei kann die Zecke gefährliche Krankheiten auf Tier und Mensch übertragen. Doch auch sie ist ein Rädchen im großen Gefüge der Natur. Und muss einem die Sommertage nicht verderben – wenn man weiß, wie man sich vor ihr schützt**

*Text: Katja Trippel*

## S

## Das Zeckenproblem könnte künftig größer werden: Ein wärmeres Klima lockt neue Arten an

Sie saugen Blut, sind faul, extrem verwandlungsfähig und übertragen gefährliche Krankheiten – so viele unsympathische Eigenschaften wie Zecken haben nur wenige Tiere zu bieten. Ebenso rekordverdächtig ist die Zahl der Mythen, die über sie im Umlauf sind. Der dritte Grund, sich genauer mit Zecken zu beschäftigen: Die globale Erhitzung führt dazu, dass sich unsere heimischen Arten stark vermehren und außerdem neue, noch unsympathischere Spezies dazukommen. „Nie zuvor hatten wir so hohe Zahlen", sagt Gerhard Dobler. Und er muss es wissen.

**Die Beute im Tuch**

Der Oberfeldarzt leitet das Konsiliarlabor für Frühsommer-Meningoenzephalitis (FSME) am Institut für Mikrobiologie der Bundeswehr, seine Frau Lidia ist eine weltweit renommierte Parasitologin. Gemeinsam gehen die beiden fast jede Woche auf die Pirsch. Oder wie es fachgemäß heißt: Sie gehen flaggen. Mit einem weißen Flanelltuch wandern sie durch Wald und Flur, in freudiger Erwartung, dass Zecken daran hängenbleiben. Zurück im Labor bestimmt sie die Zeckenart und er die Krankheitserreger, die die Spinnentiere in sich tragen.

Das Referenzgebiet der Doblers ist ein Waldstück in der Oberpfalz, dort flaggen sie seit vielen Jahren regelmäßig, immer auf dem gleichen Weg, immer zwei Stunden vor Sonnenuntergang. Aus ihrem »→

### Lebenszyklus der Zecke

*Bis eine Zecke ausgewachsen ist, dauert es mehrere Jahre. Doch auch als winzige Larve und als jugendliche Nymphe hat sie bereits Appetit*

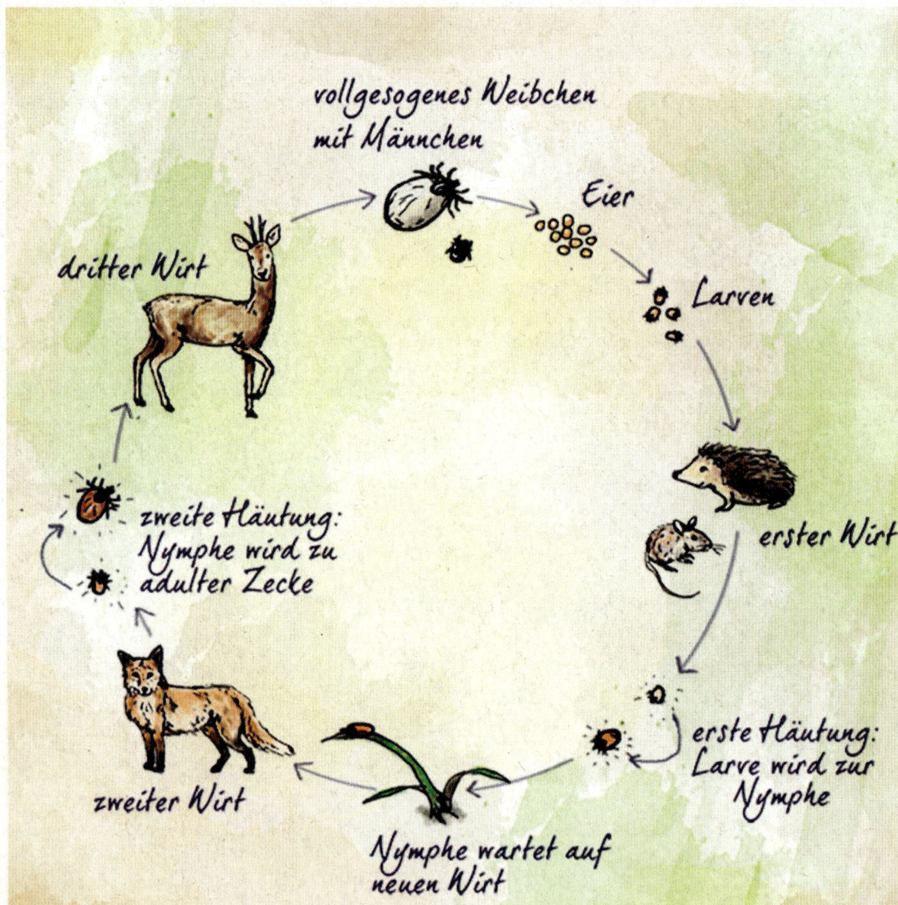


**Aus den Eiern einer Zecke** schlüpfen Larven. Die Larven suchen sich einen Wirt, saugen sich voll und häuten sich zum ersten Mal. Dabei wird aus der sechsbeinigen Larve eine achtbeinige Nymphe. Nach einer erneuten Blutmahlzeit folgt die zweite Häutung, dann ist die Zecke ausgewachsen. Auch die Geschlechtsmerkmale prägen sich in diesem dritten Entwicklungsstadium aus. Die Zecke befällt einen dritten Wirt. Und paart sich: Das kleinere Männchen klettert unter das Weibchen, das unbeirrt weiter Blut saugt. Während das Männchen nach der Paarung stirbt, legt das satte Weibchen Eier ab – und der Kreislauf beginnt von Neuem.

Obacht

**Rehe und Hirsche** sind für einige Zecken einladende Wirte. Wirklich gefährlich werden ihnen die Parasiten aber nicht: Sie entwickeln keine Borreliose

## 200 Mal

schwerer kann ein erwachsenes Zeckenweibchen nach einer einzigen Mahlzeit sein. Während es Blut saugt, betäubt der Zeckenspeichel die Wunde, sodass der Wirt nichts spürt

Wiesenfreunde

Darüber, welches Lebewesen eine Zecke befällt, entscheidet vor allem der **Zufall**: Zecken können Monate auf einen geeigneten **Wirt** warten. Dank feiner Sensoren spüren sie, wenn sich ein größeres Wesen nähert. Sie lockern ihren **Griff**, und wenn der Wirt sie streift, krallen sich die Parasiten innerhalb von Sekundenbruchteilen in das Fell oder die Kleidung

# Mehr als 850

Zeckenarten sind weltweit bekannt. Zecken gehören übrigens nicht zu den Insekten, sondern zu den Spinnentieren. Innerhalb dieser biologischen Klasse sortiert man sie in die Unterklasse der Milben

Saugkräftig

**Auf Hundehöhe:** *Erwachsene Zecken halten sich meist in einer Höhe von 30 bis 60 Zentimetern auf*

# Die Zecke ist nicht wählerisch, was ihren Wirt angeht

Tuch pflückten sie bislang neben Auwaldzecken vor allem den Gemeinen Holzbock – die am weitesten verbreitete Zecke in Deutschland. Beide spielen, wie jede Spezies, eine eigene, wichtige Rolle im Ökosystem. Beispielsweise helfen sie dabei, die Population anderer Lebewesen, etwa von Mäusen oder Ratten zu regulieren. Gleichzeitig wirken sie, wie andere Parasiten, als Immunstärker und Evolutionsbeschleuniger, weil sie indirekt dafür sorgen, dass sich das Immunsystem von Tieren stärkt. Doch beide können eben auch das berüchtigte FSME-Virus übertragen, der Holzbock zudem Borrelien; das sind die Bakterien, die hinter der Lyme-Borreliose stecken. „Von 2010 bis 2017 fanden wir im Schnitt 235 Nymphen vom Holzbock“, erzählt Gerhard Dobler. „2018, 2019 und 2020, in den drei wärmsten Jahren in Folge, waren es im Schnitt 530.“

### Die Saison verlängert sich

Das Paar beobachtete ebenfalls: Die Zecken werden nach dem Winter früher rege und setzen sich im Herbst später zur Ruhe; seit dem Jahr 2001 hat sich die Zeckensaison um drei Wochen verlängert. Die FSME-Viren wiederum überleben neuerdings auch in Mittelgebirgs-Höhenlagen über 600 Metern; früher war es ihnen dort zu kalt. „Die neue Wärme bringt alles durcheinander“, konstatiert Dobler. „Eisige Winter, die Zeckenpopulationen stark reduzieren, kommen ohnehin kaum mehr vor.“

Vielmehr haben die zunehmend milden Winter mindes- »→

## Die wichtigsten Zeckenarten

*Nicht alle Zecken, die in Deutschland herumkrabbeln, sind für Menschen gleichermaßen gefährlich. Eine Übersicht*

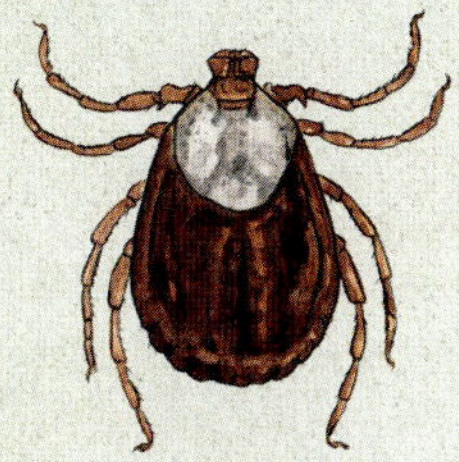

**Auwaldzecke**

**lat. Name:** *Dermacentor reticulatus*
**Vorkommen:** Ost- und Südwestdeutschland
**Besonderheiten:** Die Augen der Auwaldzecke liegen hinter ihrem zweiten Beinpaar.
**Sticht Menschen:** äußerst selten
**Krankheitserreger:** kann bei Vierbeinern Babesiose, die sogenannte „Hundemalaria“, übertragen.

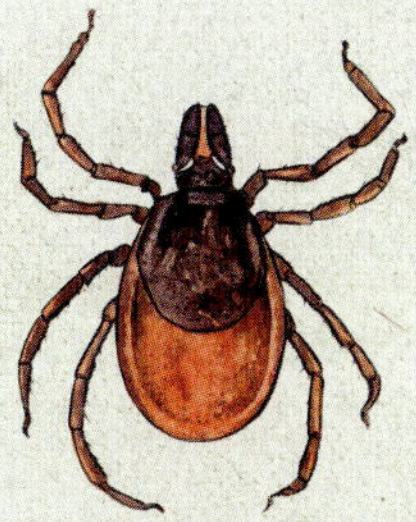

**Gemeiner Holzbock**

**lat. Name:** *Ixodes ricinus*
**Vorkommen:** deutschlandweit
**Besonderheiten:** Diese Zecke ist eine Überlebenskünstlerin – und fast überall in Europa heimisch.
**Sticht Menschen:** so gern wie andere Wirtstiere auch
**Krankheitserreger:** kann Borrelien, FSME-Viren und Parasiten auf Mensch und Tier übertragen.

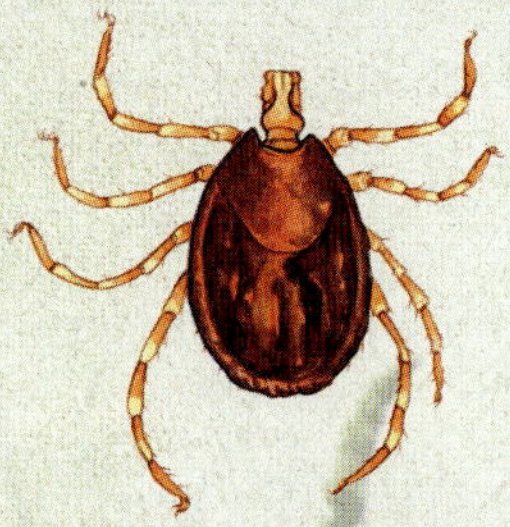

**Hyalomma-Zecke**

**lat. Name:** *Hyalomma marginatum*
**Vorkommen:** Afrika und Südasien, aber auch in Teilen Europas
**Besonderheiten:** Auf Zugvögeln kann sich die Zecke aus dem Süden bis über die Alpen tragen lassen.
**Sticht den Menschen:** selten
**Krankheitserreger:** Gefährlich ist das sogenannte Krim-Kongo-Hämorrhagische-Fieber-Virus.

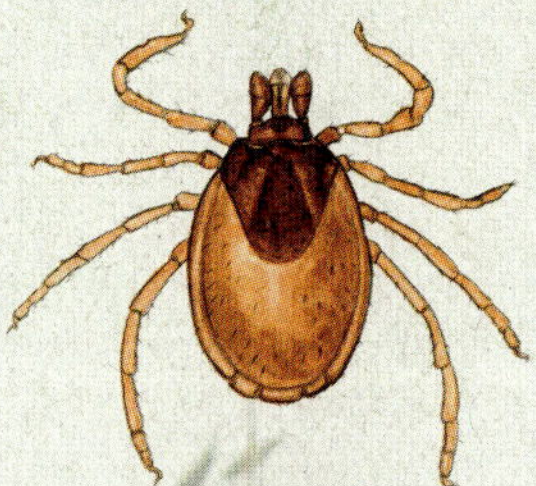

**Igelzecke**

**lat. Name:** *Ixodes hexagonus*
**Vorkommen:** vermutlich in ganz Deutschland
**Besonderheiten:** lebt versteckt, meist hält sie sich im Bau von Igeln und kleineren Raubtieren auf.
**Sticht den Menschen:** sehr selten
**Krankheitserreger:** kann Borrelien und FSME-Viren auf Haustiere übertragen.

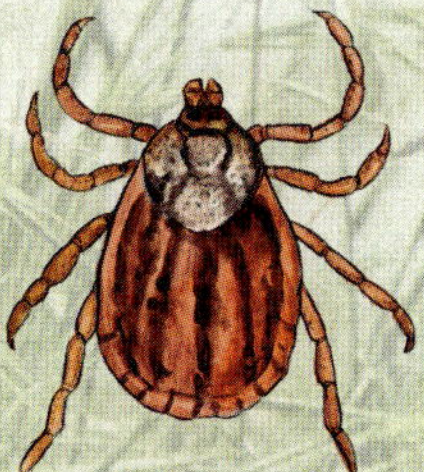

**Schafzecke**

**lat. Name:** *Dermacentor marginatus*
**Vorkommen:** dort, wo Schafe weiden, vorwiegend im Main- und Rheintal
**Besonderheiten:** Die Schafzecke lebt jeweils nur einige Wochen als Larve und Nymphe.
**Sticht den Menschen:** sehr selten
**Krankheitserreger:** Dazu weiß man bisher wenig.

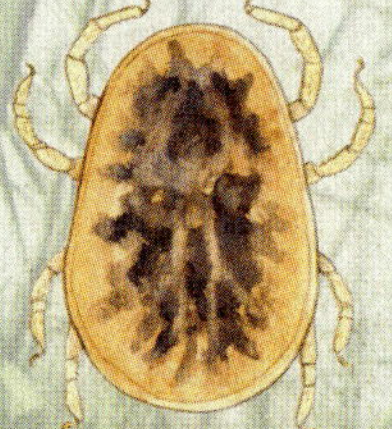

**Taubenzecke**

**lat. Name:** *Argas reflexus*
**Vorkommen:** ganz Deutschland, allerdings nicht im Freiland
**Besonderheiten:** Die Städterin unter den Zecken lebt in der Nähe von Taubenbrutplätzen.
**Sticht den Menschen:** gelegentlich
**Krankheitserreger:** Tauben können an Geflügelspirochätose erkranken, für Menschen nicht gefährlich.

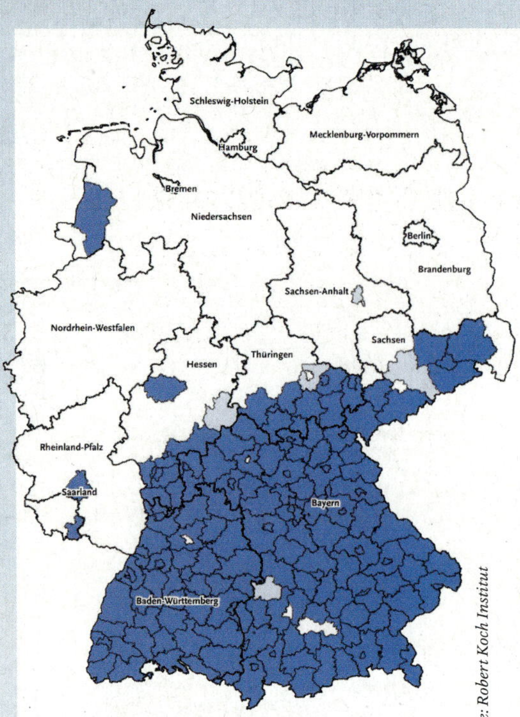


■ Diese Regionen gelten als FSME-Risikogebiet
■ In diesen Gegenden treten vereinzelt FSME-Infektionen auf

*Quelle: Robert Koch Institut*

Mein Tipp: Bei jedem Gang abseits der Wege, etwa durch hohes Gras, regelmäßig die Vorderseite der Beine bis Kniehöhe kontrollieren – dann kann man die Zecken schnell entdecken und absammeln.

VERBREITUNG

## Wo die Gefahr groß ist

*Die Krankheit FSME übertragen Zecken in manchen Teilen Deutschlands häufiger*

Zecken kommen in ganz Deutschland vor. Doch nicht überall ist das Risiko gleich hoch, dass sie bei einem Stich FSME-Viren übertragen. Als Risikogebiete mit hoher Gefahr werden Bayern, Baden-Württemberg und Teile der Bundesländer Hessen, Thüringen und Sachsen eingestuft. Krankheitssymptome treten in der Regel innerhalb von zwei Wochen nach dem Stich auf. Bei schwerem Verlauf drohen Schäden im Gehirn. Für etwa ein Prozent der Menschen, die sich mit FSME anstecken, endet die Krankheit tödlich.

tens einem einst raren Gast ermöglicht, sich dauerhaft bei uns einzunisten: der Hyalomma-Zecke. Die tropische Spezies wurde von Zugvögeln „importiert“, selbst Laien können sie vom Holzbock unterscheiden, denn sie hat gelbgeringelte Beine und erreicht vollgesogen die Größe einer Fingerkuppe. Hyalommas können das gefährliche Krim-Kongo-Virus sowie das (vergleichsweise) harmlose Zecken-Fleckfieber übertragen.

Höchstwahrscheinlich überwintert inzwischen auch die Braune Hundezecke bei uns. Sie kam früher nur als unerwünschtes Urlaubs-Mitbringsel des Vierbeiners von Südeuropa nach Deutschland. Aber Weibchen legen gern in geheizten Wohnungen ihre Eier ab, aus denen dann Tausende Zeckennymphen krabbeln – zwischen Küche und Sofa keine Freude.

**Ein komplexer Lebenszyklus**

Damit wären wir bei Mythos Nummer eins angelangt: Die Zecke gibt es nicht, sie existiert in drei Entwicklungsstadien: als Larve, als Nymphe sowie als adultes Tier. Nymphen befallen uns am häufigsten, allein weil sie numerisch häufiger sind als adulte Zecken; die maximal 0,5 Millimeter großen Larven sehen wir kaum. Gemein ist ihnen, dass sie vor jeder Verwandlung eine Blutmahlzeit brauchen, sie müssen sich also einen Wirt suchen.

„Heimische Zecken springen ihre Wirte nicht an, lassen sich nicht mal zielgerichtet fallen“, zerstört Dobler Mythos Nummer zwei. Vielmehr hängen sie monate- bis jahrelang träge herum, kriechen höchstens mal aus dem Laubstreu von Wiesen und Wäldern auf Gräser oder Stauden und warten, dass ein Wirtstier vorbeistreunt: Mäuse, Igel, Schafe, Hunde, zur Not auch Menschen. Spüren sie eine Erschütterung oder riechen Buttersäure oder eine erhöhte $CO_2$-Konzentration in der Luft, lösen sie ihre acht Beinchen vom Blatt oder Grashalm und lassen sich abstreifen.

Hyalomma-Zecken sind wesentlich agiler: „Sie gehören zu den Jagdzecken“, erklärt Ute Mackenstedt, eine Kollegin der Doblers, die an der Universität Hohenheim über „die Neue“ im Zeckenklub forscht. „Sie kann ihre Wirte sehen und 100 Meter weit verfolgen.“ 2015 entdeckte ein Reiter aus Mainz sie erstmals auf seinem Pferd. 2019 eröffnete der erste Fleckfieber-Erkrankte, ebenfalls ein Reiter, ein neues Kapitel der deutschen Medizingeschichte.

Dass Zecken beißen, ist Mythos Nummer drei. „Sie stechen, und dieser Stich ist ein sehr raffinierter Vorgang“, erklärt Gerhard Dobler.

*Spürnasen* Zecken wittern ihre Beute auch dank ihrer Vorderbeine: Dort sitzt das »Hallersche Organ«. Damit kann die Zecke Stoffe wie Buttersäure im Schweiß eines Wirtstieres wahrnehmen.

*Zähe Zecken* Eine Runde in der Waschmaschine garantiert nicht, dass sich keine lebendigen Zecken mehr auf der Kleidung befinden: Erst bei hohen Temperaturen gehen die Parasiten ein.

# Das Krim-Kongo-Virus wird sich auch in Deutschland ausbreiten

„Die Mundwerkzeuge reißen die Haut auf, dann führen sie ihren Rüssel ins Gewebe ein." Weil der Speichel der Zecke narkotisierende Substanzen enthält, merkt das Opfer nichts, die Zecke kann sich stunden- bis tagelang vollsaugen und dabei Krankheitserreger übertragen. FSME-Viren reichen 15 Minuten Andockzeit, Borrelien brauchen mindestens acht Stunden.

Grundsätzlich gilt also: Mehr Wärme heißt mehr Zecken heißt mehr Risiko, sich beim Waldspaziergang, Picknick im Grünen oder Reiten einen der Blutsauger einzufangen – und krank zu werden.

Die gute Nachricht: Vielversprechende Borreliose-Impfstoffe sind bereits in Testphase II. Wer bis dahin klassische Symptome zeigt wie die Wanderröte an der Einstichstelle – Achtung, Mythos Nummer vier: die runden Flecken tauchen nicht bei allen Infizierten auf! –, wird mit Antibiotika geheilt. Helfen diese nicht, steckt ganz sicher etwas anderes hinter den Beschwerden – die vermeintliche „Chronische Borreliose" ist der letzte Zecken-Mythos: eine Erfindung von Scharlatanen, die mit kostspieliger Pseudo-Behandlung viel Geld verdienen.

**Buchtipp:**
Was der Klimawandel mit Parasiten zu tun hat, erklären Katja Trippel und Claudia Traidl-Hoffmann in »Überhitzt« (Duden)

## Wie man sich vor einem Zeckenstich schützen kann

*Begegnungen mit Zecken lassen sich nicht gänzlich verhindern. Doch es gibt hilfreiche Gegenmaßnahmen*

### 1. Zecken abwehren

Im Handel sind sogenannte **Repellents** (1) erhältlich. Die meisten dieser Mittel riechen für Zecken so unangenehm, dass sie gar nicht erst zustechen. Allerdings schützen Repellents nur die Hautpartien, auf die sie aufgetragen worden sind – die Kopfhaut bleibt beispielsweise ungeschützt. Als natürliches **Hausmittel** (2) gilt auch Kokosöl. Zusätzlichen Schutz bietet lange Kleidung.

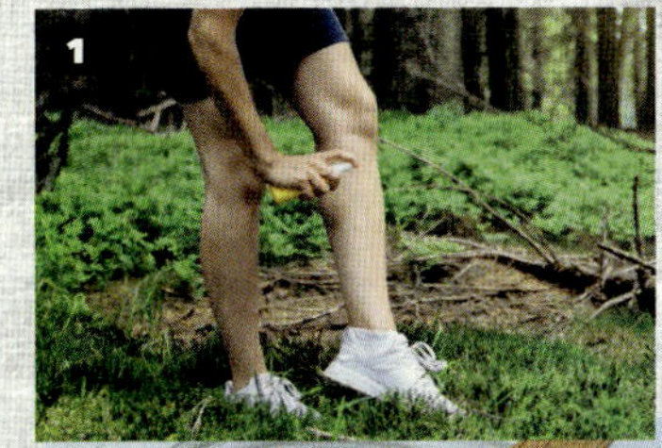
1

2

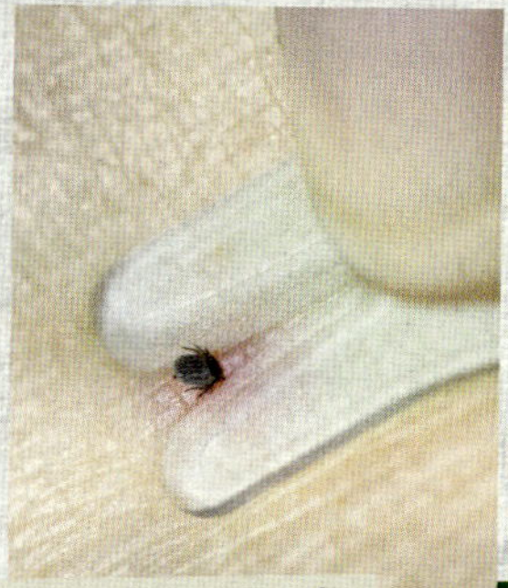

Der richtige Dreh

### 2. Was tun bei einem Stich?

Hat sich eine Zecke festgesogen, ist das noch kein Grund zur Panik. Man sollte sie zügig entfernen. Dafür wird empfohlen, die Zecke hautnah zu packen und langsam und kontrolliert herauszuziehen. Das geht **mit den Fingern**, manchen fällt es aber mit einer speziellen **Zeckenpinzette** oder **-zange** leichter. Reste, die möglicherweise in der Haut zurückbleiben, stößt der Körper mit der Zeit von selbst ab.

### 3. Deutliche Zeichen

Eine kreisförmige Rötung nach einem Zeckenstich ist möglicherweise ein Symptom einer **Borreliose-Infektion**. Die wachsende Hautrötung kann ab dem dritten Tag nach einem Stich auftreten, aber auch erst nach vier oder fünf Wochen. Auch Abgeschlagenheit, Fieber und Kopfschmerzen können ein Hinweis auf eine Erkrankung sein.

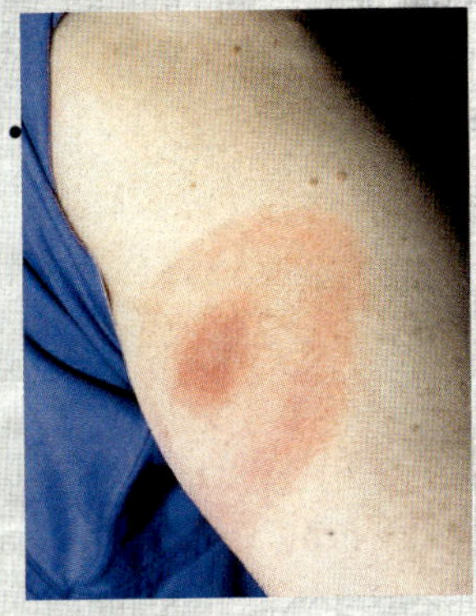

**Achtung:** *Wer nach einem Stich eine Wanderröte bemerkt, sollte einen Arzt aufsuchen*

GEO Shop

## GEO Buch „Die schönsten Bauwerke der Menschheit“

Von Stonehenge bis zum Burj Khalifa zeigt dieses Buch die schönsten, berühmtesten und faszinierendsten Bauwerke der Menschheit. Atemberaubende Fotos nehmen mit auf eine Reise über alle Kontinente und durch alle Epochen – von den ersten menschlichen Siedlungen bis zu spektakulärer Architektur des 21. Jahrhunderts.

Maße: 30,1 x 25,2 cm, 336 Seiten
Best.-Nr.: G729300
Preise: **39,95 € (DE)**/41,10 € (A)/43.90 Fr. (CH)

## GEO Buch „Wer wir waren – das Buch zum Film!“

Das Buch zum Dokumentarfilm, inspiriert von Roger Willemsens Erfolgstitel: Wie können wir unsere Welt zum Besseren verändern und für unsere Nachkommen erhalten? Wie lässt sich der Prozess von Globalisierung und Wachstum nachhaltig und fair gestalten? Und wie werden künftige Generationen über uns urteilen? Sechs Wissenschaftler:innen wagen einen Entwurf für das zukünftige Zusammenleben der Menschen und zeigen, wie wir unsere Welt retten können.

Maße: 23,5 x 28,1 cm, 192 Seiten
Best.-Nr.: G729316
Preise: **34,95 € (DE)**/36,00 € (A)/37.95 Fr. (CH)

Coupon einfach ausfüllen, ausschneiden und senden an: GEO Kundenservice, 74569 Blaufelden

## GEO-Bestellcoupon – versandkostenfreie Lieferung ab 80,– €!

### Ich bestelle folgende Artikel:

| Produktbezeichnung | Best.-Nr. | Preis D | Menge |
|---|---|---|---|
| ☐ GEO Bildband „Expedition Arktis“ | G729302 | 50,00 € | |
| ☐ GEO Bildband „Europabilder – Außergewöhnliche Ansichten“ | G729299 | 39,99 € | |
| ☐ GEO Buch „Die schönsten Bauwerke der Menschheit“ | G729300 | 39,95 € | |
| ☐ GEO Buch „Wer wir waren – das Buch zum Film!“ | G729316 | 34,95 € | |
| **Gesamtsumme:** (zzgl. 3,90 € Versandkosten, versandkostenfreie Lieferung ab einem Bestellwert von 80,00 €) | | | |

**Meine persönlichen Angaben:** (bitte unbedingt ausfüllen)

Name I Vorname
Geburtsdatum
Straße I Nummer
PLZ I Wohnort
Telefon
E-Mail

Unsere Kunden informieren wir gemäß § 7 Abs. 3 UWG per E-Mail über eigene ähnliche Angebote aus unserem Verlag. Dem können Sie über den Abmeldelink am Ende jeder E-Mail oder Hinweis an abo-service@guj.de widersprechen.

☐ **Ich zahle per Rechnung** ☐ **Ich zahle bequem per Bankeinzug** (nur in Deutschland möglich)

BIC
IBAN

Bankinstitut

**SEPA-Lastschriftmandat:** Ich ermächtige die Gruner+Jahr GmbH, Am Baumwall 11, 20459 Hamburg, Gläubiger-Identifikationsnummer DE31ZZZ00000031421, wiederkehrende Zahlungen von meinem Konto mittels Lastschrift einzuziehen. Zugleich weise ich mein Kreditinstitut an, die von der Gruner+Jahr GmbH auf mein Konto gezogenen Lastschriften einzulösen. Die Mandatsreferenz wird mir separat mitgeteilt. **Hinweis:** Ich kann innerhalb von 8 Wochen, beginnend mit dem Belastungsdatum, die Erstattung des belasteten Betrages verlangen. Es gelten dabei die mit meinem Kreditinstitut vereinbarten Bedingungen.

Auslandspreise auf Anfrage.

**Widerrufsrecht:** Sie können die Bestellung binnen 14 Tagen ohne Angabe von Gründen formlos widerrufen. Die Frist beginnt an dem Tag, an dem Sie die Lieferung erhalten, nicht jedoch vor Erhalt einer Widerrufsbelehrung gemäß den Anforderungen von Art. 246a § 1 Abs. 2 Nr. 1 EGBGB. Zur Wahrung der Frist genügt bereits das rechtzeitige Absenden ihres eindeutig erklärten Entschlusses, die Bestellung zu widerrufen. Sie können hierzu das Widerrufs-Muster aus Anlage 2 zu Art. 246a EGBGB nutzen. Der Widerruf ist zu richten an: GEO Versandservice, 74569 Blaufelden; Telefon:+49(0)40-42236427; Telefax: +49(0)40-42236663; E-Mail: guj@sigloch.de

Datum I Unterschrift

**Aktionsnr.: G00178**

AUFFORSTUNG:

# »WIE KÖNNEN WIR UNSEREM WALD AM EHESTEN HELFEN?«

**Allerorten sterben Fichte und Co. Also rasch gegensteuern und neue Baumtriebe pflanzen? Zumeist ist das nicht die beste Idee**

*Text: Peter Wohlleben*

Fichtenplantagen können Dürren und Stürmen wenig entgegensetzen. Doch im Schutz des toten Holzes vermag neuer Wald zu entstehen

Rund
32 %
der Fläche
Deutschlands
sind von
Wäldern und
Forsten
bewachsen

*Wald stirbt selten plötzlich. Forstwirtschaftliche Fehler sind häufig der entscheidende Grund*

Heimische Baumarten haben einen großen Vorteil, wenn es darum geht, sich in der Natur durchzusetzen

# »IST AUFFORSTUNG ÜBERHAUPT SINNVOLL?«

Totholz hilft dem Wald, Feuchtigkeit zu speichern, und sorgt wie eine natürliche Klimaanalage für eine angenehme Kühle

# »LASSEN WIR DEN WALD DOCH IN RUHE!«

Oft ist das Ergebnis einer Aufforstung nur ein neuer Nutzwald – der nach wenigen Jahren wieder abgeholzt wird.

Die Wälder Deutschlands sterben durch den Klimawandel – so zumindest ist der herrschende Eindruck nach den drei Trockenjahren 2018 bis 2020. Riesige Kahlflächen, Mondlandschaften gleich, breiten sich dort aus, wo noch vor Kurzem üppig grüne Bäume die Höhenzüge bedeckten. Es ist der Borkenkäfer, der sich durch die Erwärmung begünstigt über die verdurstenden Fichten und Kiefern hermacht.

**Hilfe muss gut gemacht sein**

Angesichts solch trauriger Bilder regt sich in vielen Menschen das Bedürfnis, helfend einzuspringen. Landauf, landab entstehen Initiativen, die zu freiwilligen Einsätzen in den Wäldern aufrufen, um diese wieder neu entstehen zu lassen und sie fit für den Klimawandel zu machen.

Doch viele Aktionen sind nicht nur fragwürdig, sondern teil- »→

# »KÖNNTE HIER NEUER WALD ENTSTEHEN?«

Einst war Deutschland ein Land der wilden Buchenwälder. Doch sie sind fast verschwunden. Heute sind wenige urwaldnahe Wälder Teil des Weltnaturerbes

Bei etlichen Projekten handelt es sich um Greenwashing

*Rund*

**100000**

*km² Fläche werden hierzulande für die Gewinnung von Tierfutter benutzt*

weise sogar kontraproduktiv. Kann denn Bäumepflanzen verkehrt sein? Ja, es kann – je nachdem, wie die Ausgangssituation ist.

Schauen wir uns einen typischen Fall an. Eine Fichtenplantage stirbt großflächig ab, es bleiben nur tote Stämme zurück. Ist das eine ökologische Katastrophe? Zunächst überraschenderweise einmal nicht, denn in weiten Teilen Mittel- und Westeuropas sind Fichten nicht heimisch.

**Krisen können Chancen bergen**

Fichtenplantagen sind Kunstgebilde, ähnlich Maisfeldern, nur mit weniger Chemieeinsatz. Den Bäumen war es auch bisher schon zu warm und zu trocken, und immer wieder kam es zu Insektenattacken auf die Monokulturen. Größere Katastrophen dieser Art ereigneten sich schon Mitte des 19. Jahrhunderts; seitdem kam es in regelmäßigen Abständen zu einem Wechsel von Sturm- und Insektenschäden. Unbeirrt hielten aber die Forstverwaltungen am Anbau der anfälligen Nadelbäume fest.

Der Klimawandel hat nun diesen Katastrophenrhythmus erheblich beschleunigt, und die absterbenden Flächen werden immer größer. Doch ökologisch sind tote Fichten zunächst einmal eine große Chance. Bleiben die Bäume stehen, so werfen die bleichen Stämme zumindest Halbschatten und verhindern damit ein allzu rasches Austrocknen des Bodens. Zudem bildet sich mit den Jahren wertvoller Humus, der für den folgenden Wald den Boden deutlich aufwertet.

Der Wind wird durch den toten Wald stark abgebremst, sodass die Feuchtigkeit nicht herausgeblasen wird. Kurz und gut: beste Startbedingungen für eine natürliche Waldentwicklung. Wie gut das funktionieren kann, sieht man seit 50 Jahren im Nationalpark Bayerischer Wald. Dort hat man eine solche Entwicklung zumindest in Teilbereichen zugelassen. Unter den toten Fichten samen sich von Natur aus und ganz ohne Kosten Dutzende Baumarten aus, die im Schutz der toten Stämme gesund und widerstandsfähig heranwachsen.

**Trockenheit und Borkenkäfer setzen vor allem Plantagen aus Fichten zu – Buchenurwälder sind viel resistenter**

Ganz anders die Wirtschaftsforste, die nun das gleiche Schicksal ereilt: Hier wird oftmals hektisch jede tote Fichte gefällt, sodass die größten Kahlschläge seit Jahrzehnten entstehen. Vielfach geschieht dies sogar entgegen bestehenden Bestimmungen und ohne die erforderlichen Genehmigungen. Obwohl das Holz kaum noch etwas wert ist, wird es mit Unterstützung staatlicher Subventionen aufgearbeitet und aus dem Wald transportiert.

Dabei kommen schwerste Maschinen zum Einsatz, die den empfindlichen Boden stark verdichten. Er kann künftig kaum noch Wasser speichern. Danach wird der Boden manchmal sogar gepflügt, womit er endgültig schwerst geschädigt zurückbleibt. Diese Maßnahmen erleichtern eine anschließende Bepflanzung – aber auch nur diese.

Für die neuen Bäume sieht die Lage ganz anders aus. Die Setzlinge aus der Baumschule wurden bis zum Verkauf regelrecht gepäppelt. Gedüngt und gewässert sehen sie sich nach dem Auspflanzen auf dem Kahlschlag mit der rauen Wirklichkeit konfrontiert. Die pralle Sonne brennt gnadenlos hernieder und sorgt für ein heiß- ➳

# Mehr Wald bedeutet kühlere Temperaturen

*Etwa*
**14 %**
*der Treibhausgasemissionen kann der Wald aufnehmen*

trockenes Kleinklima. Der durch die Maschinen komprimierte Boden trocknet rasch aus und lässt die empfindlichen Wurzeln verdorren.

Zudem stürzen sich Rehe und Hirsche auf die Neuankömmlinge, die oft die einzig ergiebige Nahrung auf den Freiflächen darstellen. Kein Wunder, dass viele der Bäumchen noch im ersten Jahr absterben.

**Fragwürdige Pflanzaktionen**

Es kommt aber noch ein ganz anderer Grund hinzu, weshalb man sich auf solchen Kahlschlägen nicht an Aufforstungen beteiligen sollte: Durch derartige Aktionen entsteht kein zusätzlicher Wald. Die Waldbesitzer sind ohnehin per Gesetz verpflichtet, wieder aufzuforsten, egal ob sie freiwillige Helfer haben oder nicht. Zudem wird der größte Teil der Kosten durch Steuermittel bezahlt, auch die Löhne. Statt Schülerinnen und Schüler könnten also genauso gut Profis die Arbeit erledigen, ohne dass den Waldbesitzern daraus zusätzliche Kosten entstünden.

Nein, diese öffentlichen Aufforstungsaktionen gleichen eher einem Greenwashing, weil hier suggeriert wird, einen Klimaschaden beheben zu wollen, obwohl tatsächlich unmittelbar vorher ein forstwirtschaftliches Desaster angerichtet worden ist. Wichtig: Die Pflanzaktion wird medial ausgewertet und stärkt somit das Image der Forstbetriebe.

Die Krone wird dem Ganzen aufgesetzt, indem eben nicht Naturwald entsteht, sondern nur der nächste Nutzwald. Oft sind es sogar nicht heimische Baumarten wie Douglasie, Roteiche oder Esskastanie, mit denen unsere Tierwelt kaum etwas anfangen kann. Doch selbst für diese Setzlinge ist das Ablaufdatum schon fest eingeplant.

**Junge Baumtriebe werden oft aufwendig geschützt. Für viele Tiere sind sie ein leckerer Imbiss**

Die mühsam in der Freizeit gesetzten Bäumchen dürfen nur ein paar Jahrzehnte wachsen, bevor sie wieder geerntet werden und im Sägewerk verschwinden. Daran ist nichts Verwerfliches, doch die freiwilligen Helfer stellen sich sicherlich nicht vor, dass sie letztlich bloß einem Wirtschaftsbetrieb zuarbeiten.

Glücklicherweise gibt es aber auch sehr sinnvolle Projekte. Immer dann, wenn wirklich neuer Wald entsteht, profitieren Umwelt und Klima. Es sind bisher intensiv landwirtschaftlich genutzte Böden, auf denen in Urzeiten schon einmal Wald wuchs.

Diese Flächen aus der Produktion zu nehmen und sie mit heimischen Laubbäumen zu bepflanzen ist wirklich eine gute Idee. Die Waldfläche wächst, und mit ihr kann sich das Lokalklima um etliche Grad abkühlen. Auch die Regenmenge steigt, sodass der Klimawandel vor Ort ein wenig gedämpft werden kann.

Und wo soll die Fläche für solche Aufforstungen herkommen? Ganz einfach: Indem weniger Fleisch gegessen wird. In Deutschland gibt es 114 000 Quadratkilometer Wald und 100 000 Quadratkilometer Fläche nur für die Gewinnung von Tierfutter.

In dem Maße, wie wir den Konsum tierischer Lebensmittel reduzieren, kann die Waldfläche wachsen, nicht nur in den Tropen, sondern direkt vor unserer Haustür. So gewinnen Gesundheit, Klima und die Natur.

*Mächtige Speicher* Wälder binden $CO_2$ – allerdings nur, solange sie gesund und intakt sind. Wenn Wälder abbrennen oder kahlgeschlagen werden, wird das schädliche Klimagas wieder freigesetzt.

*Undichtes Dach* Ein Maßstab für die Gesundheit eines Waldes ist die Dichte des Kronendachs. Doch in Deutschland weisen nur mehr 21 Prozent der Bäume keine Kronenschäden auf.

Ein intakter Wald ist nicht nur wunderschön. Er kann sich auch besser vor den Gefahren schützen, die der Klimawandel bringen wird



# Bäume statt Kohle

*Nicht jedes Aufforstungsprojekt ist dauerhaft erfolgreich. Was zu beachten ist, zeigt ein Blick in ehemalige Abbaugebiete für Braunkohle*

**Ein paar neue Bäume sind noch nicht dasselbe wie ein neuer Wald**

Für viele ausgediente Braunkohleabbaugebiete gibt es Aufforstungsprogramme, etwa im Rheinland oder in der Lausitz. Unkompliziert ist das nicht, denn häufig sind die Böden versauert. Bäume wurzeln deshalb weniger tief und haben bei Stürmen und Überschwemmungen kaum Halt. Auch filtern sie versickerndes Wasser nicht so gut wie ein natürlicher Wald. Das kann Verunreinigungen im Grundwasser zur Folge haben. Worauf kommt es also an? Heimische Arten kommen mit nährstoffarmen Böden besser zurecht. Und ein **Laubwald** aus hiesigen Bäumen ist einer Nadelplantage überlegen, was Widerstandskraft und Biodiversität betrifft. Ein Faktor, den man außerdem nicht vergessen sollte, ist die Zeit: Bis neu gepflanzte Bäume die Funktionen erfüllen, die ein alter Wald erfüllt, dauert es Jahrzehnte. Umso wichtiger ist es, die Wälder zu bewahren, die wir haben.

# Warum hilft der *Pfifferling* vielen Bäumen?

*Text und Illustration: Rainer Harf*

**Er ist einer der beliebtesten Speisepilze, doch die köstlich gestielten Hüte sind nur ein kleiner Teil des eigentlichen Organismus. Im Untergrund bildet er ein verborgenes Geflecht aus Fäden – und geht einen bedeutsamen Deal mit Bäumen ein**

Schon im Frühsommer recken erste Pfifferlinge ihre leuchtenden Hüte aus dem Waldboden. Den Namen verdanken die Pilze ihrem wunderbar pfeffrigen Aroma. Seit dem Altertum ist die (in Süddeutschland auch als Eierschwammerl bekannte) dottergelbe Köstlichkeit begehrt.

Was wir in der Pfanne braten, ist aber nur ein kleiner Teil des Pfifferlings, vereinfacht gesagt: seine Früchte. Der eigentliche Pilz wächst unterirdisch als Myzel – ein verzweigtes Geflecht hauchdünner Fäden.

Das Myzel kann sich über viele Quadratmeter erstrecken. Und es steht in enger Partnerschaft mit Bäumen: Die Fäden wickeln sich um Wurzelspitzen, vergrößern deren Oberfläche – so kann die Pflanze mehr Wasser und Nährsalze aufnehmen. Im Gegenzug versorgt der Baum den Pfifferling mit energiereichen Kohlenhydraten, die er via Photosynthese in seinen Blättern bildet und hinunter zu den Wurzeln leitet.

Es ist also ein Deal von wechselseitigem Nutzen. Und er ist schon sehr alt. Man geht davon aus, dass die Symbiose zwischen Pilzen und Pflanzen bereits vor mehr als 400 Millionen Jahren entstand. Und dass eben diese Hilfe von Pilzen ein wesentlicher Faktor war, weshalb die Pflanzen einst das Land erobern konnten.

Manche Pilze gehen nur Partnerschaften mit einer Baumart ein, der Pfifferling aber kann mit vielen: Daher findet man ihn in Buchenwäldern ebenso wie unter Fichten, Eichen oder Kiefern.

Seine goldenen Fruchtkörper bildet der unter Naturschutz stehende Pilz bis in den November hinein (geringe Mengen dürfen gesammelt werden). Nicht verwechseln sollte man ihn allerdings mit dem weniger schmackhaften Falschen Pfifferling, der sich aber recht einfach erkennen lässt: Die Lamellen unter seinem Hut sind deutlich dünner als die etwas dicklichen Leisten des delikaten Echten. ●

»Mit einer guten Zeichnung kann kein Foto mithalten«

Jean Chevallier

**Wie alles in** der Natur, so sind auch die Werke Kreativer einzigartig, leben vom individuellen Strich

# Vom *Glück*, die Natur zu zeichnen

**Variationen** Um seine Eigenarten zu erfassen, hilft es, ein Tier aus verschiedenen Perspektiven zu skizzieren

*Wir schauen* **5** *naturbegeisterten Kreativen über die Schulter*

**Mit ihrer Schönheit und Wandelbarkeit ist die Natur eine unversiegbare Quelle der Inspiration: Kunstschaffende erzählen davon, was ihnen die kreative Beschäftigung mit Tieren, Pflanzen und der Landschaft schenkt**

*Text: Ricarda Gabriele Richter*

»Indem ich ihre Schönheit zeige, hoffe ich, etwas zum Schutz der Natur beizutragen«

Hendrik Gheerardyn

**Exaktheit**
Hendrik Gheerardyn liegt viel an anatomisch korrekter Darstellung

**Sehnsucht**
Zunächst hat Catalina Somolinos als Architektin gearbeitet. Doch zunehmend zog es die gebürtige Spanierin mit Farben und Papier hinaus ins Freie, in die Natur

**Unterwasserwelt** Als studierter Meeresbiologe hat sich Hendrik Gheerardyn intensiv mit dem Leben in den Ozeanen beschäftigt

***Hendrik Gheerardyn***

Der Belgier gestaltet unter anderem Infografiken und Illustrationen für wissenschaftliche Veröffentlichungen. Mehr Infos unter:
**www.hendrikgheerardyn.com**
**Instagram:** @hendrikgheerardyn

**Farbspiel**

»Manchmal habe ich Stress, weil zu viel blüht und ich alles gleichzeitig malen will«

Catalina Somolinos

***Catalina Somolinos***

Die gebürtige Spanierin und gelernte Architektin lebt heute in Frankfurt am Main. Mehr Infos unter:
**www.catilustre.com**
**Instagram:** @catilustre

**Blätterdach**

**Schildkröte**

**Die Natur** zaubere so schöne Formen hervor, sagt Theresa Grieben, dass sie einen regelrechten Drang verspüre, sie künstlerisch umzusetzen

*Theresa Grieben*

Neben Naturmotiven gestaltet die in Berlin lebende Künstlerin auch aufwendig illustrierte Land- und Stadtkarten. Mehr Infos unter: **www.theresagrieben.com**
**Instagram:** @theresagrieben

In den Himmel ragende Stämme, verschlungene Äste und Tausende Blätter, von denen keins dem anderen gleicht. Nur wer genau hinschaut, sieht die feinen Bleistiftstriche, aus denen sie entstanden sind. Einen Meter hoch und über vier Meter breit ist die Zeichnung, die Theresa Grieben am meisten bedeutet: ihr Waldpanorama. Viele Wochen hat sie daran gearbeitet. Manchmal zeichnete die Künstlerin über Kopf, manchmal stellte sie sich auf einen Stuhl, um den Überblick zu behalten. „So ein Wald ist ja nicht einfach nur ein Baum. Das ist ein riesiges, visuelles Konglomerat, mit kleinen und großen Elementen, Verschachtelungen und verschiedenen Ebenen."

»Zeichnen hat mich schon als Kind glücklich gemacht«

Theresa Grieben

**Ein Herz für die Natur**

Schon als Kind habe sie alles visuell aufgesogen und angefangen, kleine Welten zu zeichnen, erzählt die Berliner Illustratorin. Während des Studiums an der Kunsthochschule wurde ein Skizzenbuch ihr stetiger Begleiter. Mittlerweile füllt sie mindestens zwei von ihnen pro Jahr – mit Eindrücken von ihren Reisen, Szenen aus dem Alltag, mit Eichhörnchen, Füchsen und Hasen, die ihr bei Spaziergängen auf den Berliner Friedhöfen begegnen. Theresa Grieben arbeitet für Museen und Magazine, in ihrem Onlineshop verkauft sie Kunstdrucke von aufwendig illustrierten Landkarten. Ihr Herz aber gehört den Wäldern.

Auch Catalina Somolinos liebt die Bäume: „Die sind immer ein Wunderwerk", sagt sie. Vor allem ihr Licht- und Schattenspiel inspiriert sie. „Für mich ist das wie ein Schlüssel zu einer höheren Ebene. Ich bin nicht religiös, aber ich glaube an eine gewisse Spiritualität in der Welt, und für mich ist das die Natur." Wenn sie draußen sei, nur die Vogelstim- »→

**Die Berliner Illustratorin** liebt es, Skizzenbücher mit zahlreichen Eindrücken und Ideen zu füllen

men höre und ihre Aquarellfarben in der Hand halte, seien das richtige Glücksmomente für sie. An Tagen, an denen sie es nicht schafft, auf ihrem Fahrrad ins Grüne zu fahren, pflückt sie ein paar Blumen am Wegesrand und nimmt sie mit in ihr Atelier.

Egal ob Blüten oder Unkraut, Catalina Somolinos bestaunt nicht nur die Schönheit ihrer Motive, sie will auch alles über sie wissen. Was ist das für eine Pflanze? Wofür kann man sie verwenden? Hat sie Heilwirkungen? Sie schlägt in Bestimmungsbüchern nach, informiert sich in Facebook-Gruppen.

»Am liebsten male ich, wenn ich draußen in der Natur bin.«

Jean Chevallier

Damit ist sie dem Ursprung der Naturillustrationen sehr nahe. Schon im späten Mittelalter wurden Zeichnungen von Kräutern in Büchern gesammelt, um das arzneikundliche Wissen weiterzugeben. Zu Beginn des 16. Jahrhunderts kamen die Beschreibung des Standorts und der Blütezeit einheimischer Pflanzen hinzu, später wurden auch die Samen und Früchte dargestellt. Dabei ging es vor allem darum, die einzelnen Merkmale verschiedener Sorten und Arten herauszustellen.

Über die Jahrhunderte hinweg hat sich die künstlerische Beschäftigung mit Tieren, Pflanzen, der Landschaft auf vielerlei Wegen weiterentwickelt. Mal bannen Schaffende die Natur so realistisch wie möglich auf Leinwand, mal geht es vornehmlich um Farbwelten, um grobe Formen, darum, wie Licht und Schatten miteinander spielen. Mal steht ein Gefühl im Zentrum, ausgelöst etwa durch ein Erlebnis in der Wildnis. Doch ganz gleich, ob lebensnah, surreal oder ins Abstrakte reichend – einen Großteil der Inspiration für ihre Werke schöpfen die Kreativen aus einer unversiegbaren Quelle an Farben, Formen, an Schönheit: der Natur.

**Der französische Künstler arbeitet oft im Freien, wo er Licht und Schatten einer Landschaft studieren kann**

**Ein intensives Studium**

Der französische Illustrator Jean Chevallier begann seine Karriere damit, im Auftrag des Nationalmuseums für Naturgeschichte in Paris, alle Spezies aus der Familie der Hunde zu zeichnen. Insgesamt 35 verschiedene Tiere, darunter mehr als zehn »→

**Auge in Auge** Bravourös setzt Chevallier Formen und Farben ein. Und schafft es, Tieren einen eigenen Charakter einzuhauchen

## Marder und Molche

**Im Fokus** Mit gekonntem Pinselschwung erweckt Chevallier den Mikrokosmos Blüte auf dem Papier zum Leben

*Jean Chevallier*

Der Franzose arbeitet unter anderem für Museen und hat bereits etliche Bücher mit seinen Illustrationen veröffentlicht.
**Mehr Infos unter:**
***www.jeanchevallier.fr***

Beflügelt

Sortiment

## »Je älter ich werde, desto stärker setze ich mich für Naturschutz ein«

Brigitte Baldrian

***Brigitte Baldrian***
**Die in Österreich lebende Künstlerin arbeitet für Nationalparks, Umweltschutzorganisationen,Verlage und Magazine. Mehr Infos unter:**
***www.brigittebaldrian.com***
**Instagram:** @atelier_brigitte_baldrian

**Breites Spektrum** Brigitte Baldrians Palette reicht vom detailgetreuen Naturmotiv bis zur Tierkarikatur

verschiedene Füchse. „Kein Foto kann die Unterschiede so deutlich zeigen wie eine gute Zeichnung", sagt er. Später beschäftigte er sich mit Ottern, dann mit Kühen, schließlich mit Vögeln.

„Je besser du ein Tier kennst, desto leichter kannst du es in allen unterschiedlichen Positionen zeichnen. Wenn sich jemand einen Fuchs wünscht, der sich mit der linken Pfote kratzt, kann ich loslegen, ohne ihn mir noch mal anzugucken", sagt Jean Chevallier. Für ihn ist es wichtig, die Natur selbst zu erleben. Er war viel unterwegs, immer wieder in der östlichen Sahara, mehrfach im Senegal, viel in Europa, Sibirien, einmal auch auf Spitzbergen. Vielleicht werde das in Zukunft weniger, sagt er, er wolle nicht mehr so viel fliegen.

### Kunst als Hilfe für die Umwelt

Für ihn und viele andere ist ihre Kunst auch ein Weg, andere Menschen für die Natur zu sensibilisieren. „Ich merke, dass die Menschen den Bezug dazu verloren haben. Das ärgert mich", sagt Catalina Somolinos. „Manchmal denke ich, ich müsste Aktivistin werden oder in die Politik gehen. Es kann nicht sein, dass wir unsere Umwelt so zerstören." Auch der Belgier Hendrik Gheerardyn will mit seinen Zeichnungen Aufmerksamkeit schaffen. Er ist nicht nur Illustrator, sondern auch Meeresbiologe. Während seines Studiums hat er akribisch die Organismen gezeichnet, die unter seinem Mikroskop lagen. Um ihren Aufbau zu verstehen. Das schärfte sein Auge fürs Detail. Auch heute noch

**Panorama** Ob Wiesen, Flussläufe oder Wälder: Brigitte Baldrian hat schon diverse Lebensräume und deren Bewohner dargestellt

versucht er, jedes Lebewesen so naturgetreu wie möglich zu zeichnen.

Viel üben, jedes Tier und jeden Grashalm von immer neuen Seiten betrachten – so brachte sich Brigitte Baldrian das Zeichnen bei. „Das übertriebene Talent hatte ich, glaube ich, nicht", sagt sie. Heute lebt sie auf 850 Meter Höhe im Waldviertel in Österreich, einem der letzten intakten Naturräume des Landes.

Die Modelle für ihre Illustrationen stehen vor der Haustür. Sie malt keinen Urwald und keine Tiefsee, sondern das, was ihre drei Kinder selbst auf der Wiese oder im Wald entdecken können. „Die elementare Erkenntnis aus dem Naturschutz lautet: Du ehrst nur, was du kennst", sagt Brigitte Baldrian. Wer sich dafür einsetzen wolle, unsere Umwelt zu erhalten, müsse die Kleinen für sie begeistern.

Und Begeisterung, das spürt man als Betrachter, fließt bei so vielen Werken der Künstlerinnen und Illustratoren ein. Manchmal ist es gerade so, als würde ein Funken überspringen, ein Funken jenes Glücks, das beim Schaffen der Zeichnungen die Ateliers erfüllt hat. ●

## INFO

### Anleitungen zum Zeichnen

**Das reich illustrierte Buch** „Animal Anatomy for Artists: The Elements of Form" zeigt eine Vielzahl von Wegen auf, Tiere naturgetreu auf Papier zu bannen: vom Skelett über grundlegende Anatomie bis hin zur Bewegungsstudie.

**Auch das Werk** „The Art of Animal Drawing: Construction, Action Analysis, Caricature" bietet eine Fülle von Anregungen für angehende Künstler wie Profis.

# Warum haben *Kraken* mehr als ein Gehirn?

*Text und Illustration: Rainer Harf*

**Sie sind fremdartig, schön und hochintelligent: Oktopusse haben ein hervorragendes Gedächtnis und besitzen individuelle Persönlichkeiten. Sie planen, täuschen, spielen und können es in punkto Scharfsinn locker mit vielen Wirbeltieren aufnehmen**

**Winterwanderung** Auf Schneeschuhen stapfte unser Autor im Salzburger Land seinem Alltag davon – und begegnete einer zauberhaften Natur

**Eulen** Sie sind mythenumrankt, geheimnisvoll und hochfaszinierend

**Saline Flora** Üppig blüht es auf mancher Salzwiese

*Bis zu*

**70 000**

*Haare pro Quadratzentimeter hat ein Fischotter*

**Otterglück** Das Tier des Jahres 2021 ist ein wuseliger, schlauer Räuber, der die kalte Saison nicht etwa verschläft, sondern hochaktiv bleibt

## Weitere Themen im nächsten Heft:

**Schlehen:** Warum sie erst nach dem Frost schmecken

**Wurmbox:** Küchenabfall biologisch abgebaut

**Waldgipfel:** Wie sollten wir die Zukunft gestalten?

**Misteln** Diese Gewächse haben es in sich: Sie schmarotzen den Saft von Bäumen und ergrünen auch winters

# Sonnenbad auf Gamsart

Auch ein Extremsportler lässt es manchmal ruhig angehen – so wie dieser Gamsbock, der in den Schweizer Alpen friedlich die zarten Strahlen der Sonne genießt. Gämsen der Art *Rupicapra rupicapra* führen ein Leben in schwindelerregenden Höhen. Weil sie ihre Hufe spreizen können, haben sie auch auf den schroffsten Felsen einen sicheren Tritt. Und dank einem vergleichsweise großen Herzen und einem hohen Anteil roter Blutkörperchen sind die Kletterkünstler stets mit ausreichend Sauerstoff versorgt und kommen nicht aus der Puste. Die Fellfärbung im Gesicht der Gämsen ist charakteristisch: Stirn, Kinn und die Kopfunterseite sind hellbeige, während sich von der Oberlippe ein dunkler Streifen bis zu den Ohren und Hornansätzen zieht. Und auch auf dem Rücken der Gämsen zeichnet sich ein dunkler Streifen im Fell ab. Aus diesen Haaren stellt man den Gamsbart her, einen Hutschmuck, der zur traditionellen Tracht in Teilen Österreichs und Bayerns gehört. Für einen Gamsbart werden die Haare an einem Ende so zusammengebunden, dass sich das andere Ende zu einem gleichmäßigen Puschel wölbt. Ein echter Gamsbart ist sehr teuer – und könnte künftig noch teurer werden. Denn vielerorts gehen die Bestände der Gämsen zurück. Neben der Jagd ist eine Ursache der zunehmende Tourismus. Immer mehr Menschen dringen in den Lebensraum der geschickten Alpenbewohner vor. Man kann nur hoffen, dass den Gämsen weiterhin genügend Platz bleibt, damit sie ab und zu in der Sonne träumen können. Ganz ungestört.